WERKSTATTBÜCHER

FÜR BETRIEBSANGESTELLTE, KONSTRUKTEURE UND FACHARBEITER. HERAUSGEGEBEN VON DR.-ING. H. HAAKE, HAMBURG

Jedes Heft 50—70 Seiten stark, mit zahlreichen Textabbildungen

---

Die Werkstattbücher behandeln das Gesamtgebiet der Werkstattstechnik in kurzen selbständigen Einzeldarstellungen: anerkannte Fachleute und tüchtige Praktiker bieten hier das Beste aus ihrem Arbeitsfeld, um ihre Fachgenossen schnell und gründlich in die Betriebspraxis einzuführen.

Die Werkstattbücher stehen wissenschaftlich und betriebstechnisch auf der Höhe, sind dabei aber im besten Sinne gemeinverständlich, so daß alle im Betrieb und auch im Büro Tätigen, vom vorwärtsstrebenden Facharbeiter bis zum leitenden Ingenieur, Nutzen aus ihnen ziehen können.

Indem die Sammlung so den Einzelnen zu fördern sucht, wird sie dem Betrieb als Ganzem nutzen und damit auch der deutschen technischen Arbeit im Wettbewerb der Völker.

Einteilung der bisher erschienenen Hefte nach Fachgebieten

(Fortsetzung 3. Umschlagseite)

WERKSTATTBÜCHER

FÜR BETRIEBSANGESTELLTE, KONSTRUKTEURE UND FACH-
ARBEITER. HERAUSGEBER DR.-ING. H. HAAKE, HAMBURG

Schweißtechnische Berechnungen

Von

Dr.-Ing. Ernst Klosse

Mit 94 Abbildungen

Springer-Verlag
Berlin / Göttingen / Heidelberg
1951

ISBN-13: 978-3-540-01598-7   e-ISBN-13: 978-3-642-99837-9

DOI: 10.1007/978-3-642-99837-9

Inhaltsverzeichnis.

Vorwort.

Die Schweißtechnik greift in so viele Gebiete der allgemeinen Technik ein, daß es erfahrungsgemäß einem Schweißingenieur schwer fällt, sich bei vorkommenden Aufgaben in den zugehörigen Berechnungen zurechtzufinden. Selbst wenn in größeren Betrieben Spezialisten auf diesem oder jenem Gebiet vorhanden sind, die ihm bei der Lösung solcher Probleme helfen könnten, so fehlen diesen wiederum die Kenntnisse der besonderen Anforderungen der Schweißtechnik. Das vorliegende Büchlein soll diese Lücke ausfüllen. Es sind viele Beispiele aus den wichtigsten Gebieten der Schweißtechnik vorgesehen, damit nicht nur der Konstrukteur, sondern auch der Betriebsingenieur oder der Meister einen Anhalt bei der Durchführung schweißtechnischer Berechnungen hat. Die Beispiele sind so ausgewählt, daß durch jede Aufgabe eine grundsätzlich neue Problemstellung erfaßt wird. Einige Beispiele aus der Festigkeitslehre, vor allem auch die Kalkulation von Lichtbogenschweißungen verdankt der Verfasser Anregungen von Herrn Ing. LEISERING, dem er an dieser Stelle noch dafür danken möchte. Herrn Dr. OTTE (SLV-Hamburg) sei auch an dieser Stelle gedankt für seine Hilfe bei der Durchsicht der Korrektur.

Möge auch dieses Büchlein seinen Teil zur Entwicklung der Schweißtechnik beitragen.

I. Elektroschweißen.

1. Berechnung von Anschlüssen elektrischer Schweißmaschinen. *Aufgabe 1:* Es soll ein Drehstrommotor von $N = 12$ kW; $U = 380$ V; $\cos \varphi = 0{,}85$ angeschlossen werden. Welche Zuleitungsquerschnitte und welche Sicherungen werden gewählt? Man errechnet zunächst die Scheinleistung N_s

$$N_s = \frac{N}{\cos \varphi} = \frac{12}{0{,}85} = 14{,}1 \text{ kVA} = 14\,100 \text{ VA} .$$

Die Scheinleistung eines Drehstromes ist: $N_s = U \cdot I \cdot \sqrt{3}$ (VA).

Stromstärke $I = \dfrac{N_s}{U \cdot \sqrt{3}} = \dfrac{14\,100}{380 \cdot \sqrt{3}} = 21{,}4$ A .

Laut Tab. 1 (VDE-Vorschriften) ergibt sich:
Bei Kupferleitungen Querschnitt $F = 2{,}5$ mm²; Sicherungsstromstärke $= 15$ A.
Bei Alu-Leitungen $F = 4$ mm²; Sicherungsstromstärke $= 15$ A.

Die vorstehende Rechnung ist mit Rücksicht auf die zulässige Erwärmung der Leiter erfolgt. Bei längeren Leitungen ist der Spannungsabfall, der durch den Widerstand der Leitungen verursacht wird, zu berücksichtigen.

Aufgabe 2: Wie groß ist der Spannungsabfall bei Aufg. 1, wenn die kupfernen Anschlußleitungen des Drehstrommotors $l = 100$ m lang sind?

Der Widerstand der Leitungen ist, wenn der spezifische Widerstand mit ϱ bezeichnet wird:

$$R = \frac{\varrho \cdot l}{F} = \frac{0{,}0175 \cdot 100}{2{,}5} = 0{,}7 \; \varOmega .$$

Tabelle 1. Belastung von elektrischen Leitungen mit Rücksicht auf Erwärmung bei fester Verlegung der Leitungen in Röhr.

| Leitungs-querschnitt | Kupfer | | Aluminium | |
| | höchste dauernd zul. Stromstärke | Nennstrom-stärke d. Sicherung | höchste dauernd zul. Stromstärke | Nennstrom-stärke d. Sicherung |
mm²	A	A	A	A
2,5	21	15	17	10
4	27	20	22	15
6	35	25	28	20
10	48	35	38	25
16	66	60	53	35
25	90	80	72	60
35	110	100	90	80
50	140	125	110	100
70	175	160	140	125
95	215	200	175	160

Nach dem Ohmschen Gesetz ist: $U = R \cdot I = 0{,}7 \cdot 21{,}4 = 15$ V .
Bei 220 V Phasenspannung sind das

$$\frac{15 \cdot 100}{220} = 6{,}8 \% .$$

Bei Leitungen, an denen nur Kraftanschlüsse vorhanden sind, ist ein größter Spannungsabfall von 10 % zugelassen, bei Leitungen mit Lichtanschlüssen 2,5 %.

Die Anlagen sind also auf Erwärmung (Aufg. 1) und auf Spannungsabfall (Aufg. 2) nachzuprüfen.

Tabelle 2. Spezifischer Widerstand ϱ von elektrischen Leitungen $\varOmega$ mm²/m.

Kupfer	0,0175
Aluminium . .	0,0290
Zink	0,0675
Eisen	0,1430

Bei Schweißumformern ist der Motor mit Rücksicht auf die Schweißpausen beim Handschweißen (Auswechseln der Elektroden u. a.) wesentlich schwächer, als es der tatsächlichen Leistungsaufnahme entspricht (s. Tab. 3).

Tabelle 3. Netzbelastungen durch Schweißen.

| Schweiß-stromstärke | Schweißumformer | | | Schweißgleichrichter | | Schweißumspanner cos $\varphi = 0,80$ | |
| | Motornenn-leistung | Tatsächliche Leistung | | Netzbelast. während des Schweißens | bei Zündungs-kurzschluß | Netzbelast. während des Schweißens | bei Zündungs-kurzschluß |
A	kW	kW	kVA	kVA	kVA	kVA	kVA
200	5,5	9,0	10,0	12,0	15,5	7,5	9,0
300	10,0	16,0	18,0	20,0	26,0	12,0	13,5

Bei Schweißumspannern unterscheidet man auch die tatsächliche Netzbelastung, wie sie während des Schweißens auftritt, die Kurzschlußleistung, welche sich einstellt, wenn man durch Aufdrücken der Elektrode auf das Werkstück den Schweißstromkreis kurzschließt, und die mittlere Belastung. Diese ermittelt man unter Berücksichtigung der Einschaltdauer, welche beim Handschweißbetrieb 55 % beträgt. Die mittlere Netzbelastung ist dann gleich dem Produkt aus Kurzschlußleistung mal Einschaltdauer.

Beim Nachprüfen eines Anschlusses einer Schweißmaschine geht man bei Berücksichtigung der Erwärmung der Leitungen stets von der mittleren (durchschnittlichen) Netzbelastung, bei Untersuchung des Spannungsabfalls von der höchsten Belastung aus (Kurzschlußleistung). Häufig handelt es sich darum, aus den Angaben des Schweißgenerators die zugehörige Anschlußleistung des Motors zu berechnen.

Aufgabe 3: Bei einem Schweißumformer ist die Schweißstromstärke $= 200$ A, die Lichtbogenspannung $U = 28$ V. Wie groß ist die Anschlußleistung des Motors, wenn der Wirkungsgrad des Umformers auf 45 % geschätzt wird?

Die Lichtbogenleistung ist $N_L = \dfrac{J \cdot U}{1000} = \dfrac{200 \cdot 28}{1000} = 5,6\ \mathrm{kW}$.

Die Anschlußleistung ist $N_a = \dfrac{N_L}{\eta} = \dfrac{5,6}{0,45} = 12,4\ \mathrm{kW}$.

Bei einem Schweißumspanner würde sich die vorstehende Rechnung folgendermaßen darstellen:

Aufgabe 4: Bei einem einphasig angeschlossenen Umspanner ist der Schweißstrom $I = 200$ A, die Lichtbogenspannung $U_L = 28$ V, die Leerlaufspannung $U_0 = 78$ V. Wie groß ist die Anschlußleistung N_a in kVA, wenn der Wirkungsgrad auf $\eta = 85\ \%$ geschätzt wird?

Bei dem Schweißumspanner ist die Phasenverschiebung

$$\cos \varphi = \frac{\text{Lichtbogenspannung}}{\text{Leerlaufspannung}} = \frac{U_L}{U_0} = \frac{28}{78} = 0,36 \ .$$

Die Lichtbogenleistung ist: $N_L = \dfrac{I \cdot U_L}{1000} = \dfrac{200 \cdot 28}{1000} = 5,6\ \mathrm{kW}$.

Die Anschlußleistung ist: $N_a = \dfrac{N_L}{\eta \cdot \cos \varphi} = \dfrac{5,6}{0,85 \cdot 0,36} = 18,3\ \mathrm{kVA}$.

Werden zwei einphasig angeschlossene Schweißumspanner an verschiedene Phasen eines Drehstromnetzes angeschlossen, so wird die dritte Leitung stärker als die beiden anderen Leitungen belastet (Abb. 1). Wegen Verschiebung der Ströme in den beiden Phasen dürfen die Stromstärken nicht algebraisch, sondern müssen geometrisch addiert werden. Dabei soll ungünstigerweise vorausgesetzt werden, daß die Schweißumspanner gleichzeitig belastet werden, und daß die cos φ-Werte übereinstimmen.

Stellt man nach Abb. 2 die Ströme als *Pfeile* dar (I_2 ist negativ einzuzeichnen!), so erkennt man, daß man die resultierende Stromstärke aus dem Cosinus-Satz berechnen kann.

Aufgabe 5: Es soll die größtmögliche Stromstärke I_3 berechnet werden, die sich einstellt, wenn zwei einphasig angeschlossene Schweißumspanner gleichzeitig im Betrieb sind und die Stromaufnahme des einen $I_1 = 50$ A, die des anderen $I_2 = 30$ A ist. Die cos φ-Werte beider Umspanner sind gleich.

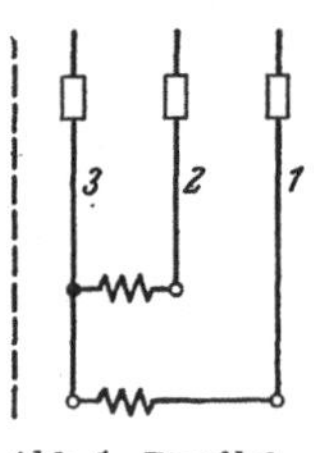

Abb. 1. Parallelschaltung zweier Schweißumspanner.

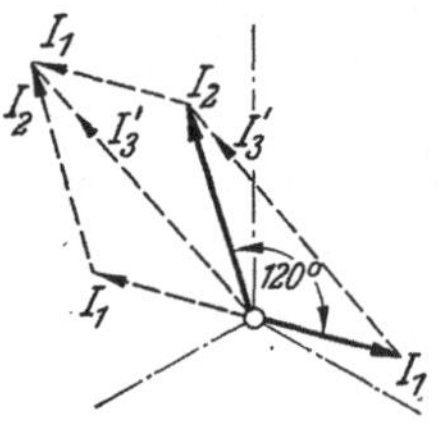

Abb. 2. Diagramm beim Zusammensetzen zweier Ströme mit verschiedenen Phasen.

$$I_3 = \sqrt{I_1^2 + I_2^2 - 2 \cdot I_1 \cdot I_2 \cdot \cos 120°} .$$

Da $\cos 120° = -0,5$ ist, ergibt sich

$$I_3 = \sqrt{50^2 + 30^2 + 2 \cdot 50 \cdot 30 \cdot 0,5} = 70 \text{ A} .$$

Sind diese beiden Schweißumspanner fest unverwechselbar angeschlossen, so sind die Werte für I_1, I_2, I_3 der Wahl der Sicherungen zugrunde zu legen. Nach Tab. 1 würde sich dann ergeben (I_n=Nennstromstärke):

$$I_{n\,1} = 60 \text{ A} \qquad F_{1\,Kupfer} = 16 \text{ mm}^2$$
$$I_{n\,2} = 25 \text{ A} \qquad F_{2\,Kupfer} = 6 \text{ mm}^2$$
$$I_{n\,3} = 80 \text{ A} \qquad F_{3\,Kupfer} = 25 \text{ mm}^2$$

Der größeren Sicherheit halber wird man jedoch meistens alle drei Leitungen nach dem Größtwert I_3 wählen.

Sind die cos φ-Werte der beiden Umspanner verschieden, so geht man am besten vom Spannungsschaubild Abb. 3 und 4 aus. Man kann nunmehr in die herausgezogenen resultierenden Spannungen der Abb. 3 die Strompfeile unter Berücksichtigung ihrer φ-Werte eintragen (Abb. 4). Der Einfachheit halber zieht man die resultierenden Strompfeile nach Abb. 4 strichpunktiert.

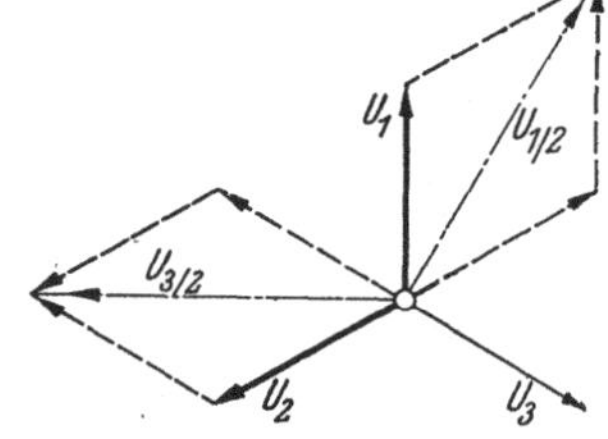

Abb. 3. Spannungsschaubild.

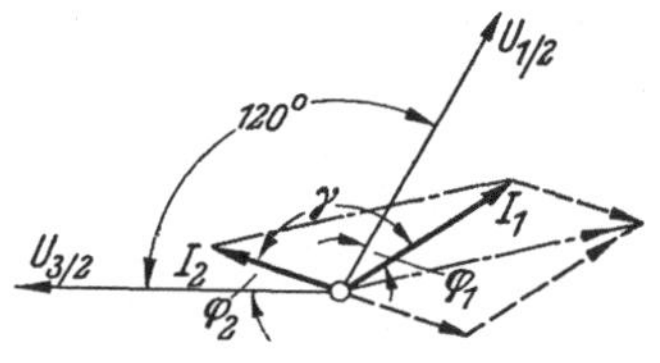

Abb. 4. Ermittlung der resultierenden Stromstärke beim Zusammensetzen von Strömen verschiedener Phasen mit verschiedenem cos φ.

Aufgabe 6: Es soll die größtmögliche Stromstärke I_3 berechnet werden, welche sich einstellt, wenn zwei einphasig angeschlossene Schweißumspanner gleichzeitig in Betrieb sind und die Stromaufnahme des einen $I_1 = 50$ A, $\cos \varphi_1 = 0,35$, des anderen $I_2 = 30$ A, $\cos \varphi_2 = 0,25$ ist. Aus Abb. 4 sieht man, daß $\gamma = 120 + \varphi_1 - \varphi_2$ ist.

Bei $\cos \varphi_1 = 0,35$ ist $\varphi_1 = 69°\,30'$; bei $\cos \varphi_2 = 0,25$ ist $\varphi_2 = 75°\,30'$.

$$\gamma = 120 + 69,5 - 75,5 = 114° .$$

$$I_3 = \sqrt{I_1^2 + I_2^2 - 2 \cdot I_1 \cdot I_2 \cdot \cos \gamma} ,$$

$$I_3 = \sqrt{50^2 + 30^2 + 2 \cdot 50 \cdot 30 \cdot 0,407} = 68 \text{ A} .$$

Diese Rechnung ist vor allem dort durchzuführen, wo man zwei Schweißumspanner anzuschließen hat, bei welchen die cos φ-Werte erheblich voneinander abweichen, wenn z. B. der eine Umspanner durch einen Kondensator einen cos φ-Wert von annähernd 1 hat, während der andere Umspanner nicht kompensiert ist.

Statt durch Rechnung kann man die Lösung auch zeichnerisch erhalten, indem man die Strompfeile maßstäblich nach den Stromstärken unter genauer Beachtung der Richtungen aufzeichnet. Dann bedeuten die Verbindungslinien der Endpunkte der Strompfeile die entsprechenden resultierenden Stromstärken.

Aufgabe 7: Es sollen die größtmöglichen Stromstärken für die drei Leitungen der an die verschiedenen Phasen angeschlossenen Schweißumspanner zeichnerisch bestimmt werden. Anschluß nach Abb. 5.

$I_1 = 50$ A; $\cos \varphi_1 = 0,35$; $I_2 = 30$ A; $\cos \varphi_2 = 0;80$; $I_3 = 40$ A; $\cos \varphi_3 = 0,25$.

Nach Abb. 6 ergibt sich:

$$\text{In Phase 1 fließt max 77 A (Verbindungslinie } I_1 I_2)$$
$$\text{,, ,, 2 ,, ,, 46 A (,, } I_2 I_3)$$
$$\text{,, ,, 3 ,, ,, 90 A (,, } I_3 I_1)$$

Sind alle Schweißumspanner an eine Phase angeschlossen, so kann man die Wirkströme für sich und die Blindströme für sich addieren.

Aufgabe 8: 3 Schweißumspanner (Abb. 7) sind an eine Wechselstromleitung von 380 V angeschlossen; die Angaben lauten:

$I_1 = 35$ A; $\cos \varphi_1 = 0,8$; $I_2 = 45$ A; $\cos \varphi_2 = 0,35$; $I_3 = 60$ A; $\cos \varphi_3 = 0,33$.

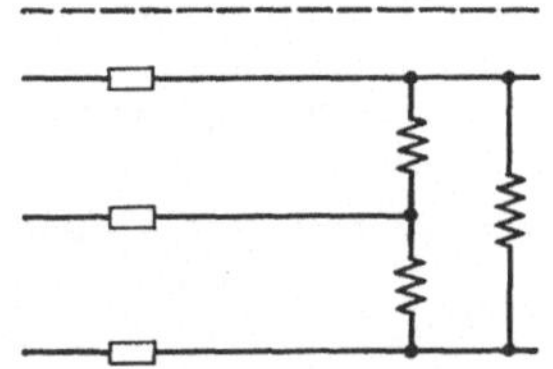

Abb. 5. Schaltung von 3 Schweißumspannern an ein Drehstromnetz.

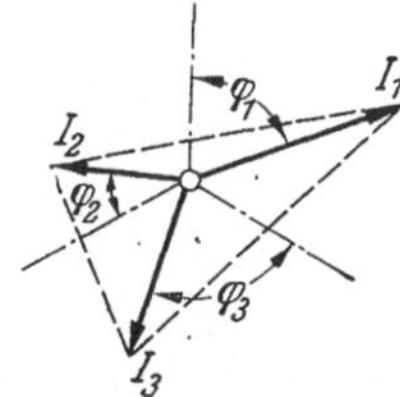

Abb. 6. Stromstärken im Schaubild.

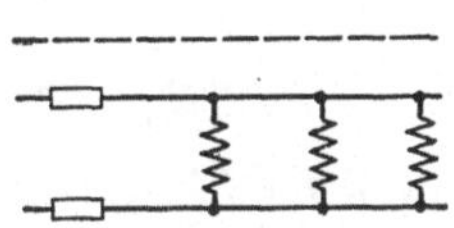

Abb. 7. Schaltung von 3 Schweißumspannern an ein Wechselstromnetz.

Welcher Höchststrom kann sich beim gleichzeitigen Schweißen einstellen und welcher $\cos \varphi$-Wert ergibt sich?

I_w = Wirkstrom; I_b = Blindstrom.

	I	$\cos \varphi$	φ	$\sin \varphi$	$I_w = I \cos \varphi$	$I_b = I \sin \varphi$
1	35	0,8	36°50′	0,599	28,0	21,0
2	45	0,35	69°30′	0,937	15,8	42,1
3	60	0,33	70°50′	0,945	19,8	56,7

Die Stromstärke ergibt sich, indem man die Summen der I_w- und I_b-Werte einsetzt:

$$I = \sqrt{I_w^2 + I_b^2} = \sqrt{63,6^2 + 119,8^2} = 136 \text{ A},$$

$$I_w = I \cdot \cos \varphi, \qquad \cos \varphi = \frac{I_w}{I} = \frac{63,6}{136} = 0,468.$$

2. Untersuchung von Schweißumspannern. Mitunter sind die Verhältnisse eines Schweißumspanners selbst zu untersuchen.

Aufgabe 9: Ein Schweißumspanner nimmt bei 380 V einen Strom von 60 A bei einem $\cos \varphi = 0,45$ auf. Wie groß sind Wirkstrom I_w, Blindstrom I_b, Wirkleistung N_w, Blindleistung N_b, Scheinleistung N_s?

Abb. 8. Verhältnis der Scheinleistung zur Blind- und Wirkleistung.

$$I_w = I \cdot \cos \varphi = 60 \cdot 0,45 = 27 \text{ A}$$
$$I_b = I \cdot \sin \varphi = 60 \cdot 0,894 = 53,6 \text{ A}$$
$$N_w = U \cdot I_w = 380 \cdot 27 = 10\,300 \, W = 10,3 \text{ kW}$$
$$N_b = U \cdot I_b = 380 \cdot 53,6 = 20\,400 \, BW = 20,4 \text{ BkW}$$
$$N_s = U \cdot I = 380 \cdot 60 = 22\,800 \text{ VA} = 22,8 \text{ kVA}$$

$\cos \varphi = 0,45$
$\varphi = 63°\,20′$
$\sin \varphi = 0,894$

Der Zusammenhang zwischen N_w, N_b und N_s ist in Abb. 8 dargestellt.

Aufgabe 10: Im Anschlußstromkreis eines Schweißumspanners befindet sich ein Amperemeter und ein cos φ-Messer. Es werden angezeigt $I = 54$ A, cos $\varphi = 0{,}45$. Wie groß ist der Wirkstrom I_w? Wie groß ist der Blindstrom I_b?

$$I_w = I \cdot \cos \varphi = 54 \cdot 0{,}45 = 24{,}3 \text{ A} \qquad \begin{aligned} \cos \varphi &= 0{,}45 \\ \varphi &= 63° \, 20' \\ \sin \varphi &= 0{,}894 \end{aligned}$$

$$I_b = I \cdot \sin \varphi = 54 \cdot 0{,}894 = 48{,}2 \text{ A}$$

Aufgabe 11: Ein Schweißumspanner nimmt einen Wirkstom von $I_w = 48$ A und einen Blindstrom von $I_b = 92$ A auf. Wie groß ist der cos φ?

$$\operatorname{tg} \varphi = \frac{I_b}{I_w} = \frac{92}{48} = 1{,}92 \, , \qquad \varphi = 62° \, 30' \, , \qquad \cos \varphi = 0{,}462$$

Aufgabe 12: Ein Schweißumspanner hat eine Scheinleistung von $N_s = 17{,}1$ kVA bei einer Anschlußspannung von $U = 380$ V und einem cos $\varphi = 0{,}45$. Wie groß sind Wirkleistung I_w und Blindleistung I_b?

$$I = \frac{N_s}{U} = \frac{17\,100}{380} = 45 \text{ A} \, ,$$

$$N_w = U \cdot I \cdot \cos \varphi = 380 \cdot 45 \cdot 0{,}45 = 7700 \text{ W} = 7{,}7 \text{ kW} \, .$$

Nach Abb. 8 ist

$$\sin \varphi = \frac{N_b}{N_s} \qquad \begin{aligned} \cos \varphi &= 0{,}45 \\ \varphi &= 63° \, 20' \\ \sin \varphi &= 0{,}894 \end{aligned}$$

$$N_b = N_s \cdot \sin \varphi = 17{,}1 \cdot 0{,}894 = 15{,}3 \text{ BkW}$$

Aufgabe 13: Ein Schweißumspanner hat eine Wirkleistung von 12 kW und cos $\varphi = 0{,}7$. Wie groß ist die Blindleistung?
Nach Abb. 8 ist

$$\operatorname{tg} \varphi = \frac{N_b}{N_w} \qquad \begin{aligned} \cos \varphi &= 0{,}7 \\ \varphi &= 45° \, 30' \\ \operatorname{tg} \varphi &= 1{,}02 \end{aligned}$$

$$N_b = \operatorname{tg} \varphi \cdot N_w = 1{,}02 \cdot 12 = 12{,}3 \text{ BkW}$$

Diese Blindleistungen belasten die Leitungen sehr stark, sie können durch Schweißkondensatoren teilweise oder vollständig ausgeglichen (kompensiert) werden.

Aufgabe 14: Es soll die Blindleistung der Aufg. 13 vollständig durch einen Schweißkondensator kompensiert werden.

Dann muß die Kondensatorleistung auch gleich 12,3 BkW sein.

Aufgabe 15: Die Blindleistung der Aufg. 13 soll durch einen Schweißkondensator so kompensiert werden, daß der cos $\varphi_1 = 0{,}8$ wird (das ist der in elektrischen Anlagen üblich vorkommende Werty.

$$\operatorname{tg} \varphi_2 = \operatorname{tg} \varphi - \operatorname{tg} \varphi_1 = 1{,}02 - 0{,}75 = 0{,}27 \qquad \begin{aligned} \cos \varphi &= 0{,}7 \\ \varphi &= 45° \, 30' \\ \operatorname{tg} \varphi &= 1{,}02 \end{aligned} \qquad \begin{aligned} \cos \varphi_1 &= 0{,}8 \\ \varphi_1 &= 36° \, 50' \\ \operatorname{tg} \varphi_1 &= 0{,}75 \end{aligned}$$

Also Kondensatorleistung

$$N_k = \operatorname{tg} \varphi_2 \cdot N_w = 0{,}27 \cdot 12 = 3{,}24 \text{ BkW}$$

Man erkennt aus den Ergebnissen der Aufgaben 14 und 15, welch unverhältnismäßig großer Aufwand notwendig ist, um Blindleistungen *vollständig* zu kompensieren. Die Preise von Schweißkondensatoren in den für die Praxis üblichen Größen errechnen sich etwa nach

$$P = 35 \, N_b \, ,$$

worin P der Preis in M und N_b die Kondensatorleistung in BkW bedeuten.

Aus diesen Gründen wird die vollständige Kompensation selten durchgeführt.

Noch deutlicher läßt sich dies nach Abb. 9 sehen, der folgende Angaben zugrunde liegen.

Aufgabe 16: Gegeben ist ein Schweißumspanner mit $U = 380$ V; $I = 45$ A; $\cos \varphi = 0,45$.

Dann ist die Scheinleistung

$$N_s = \frac{U \cdot J}{1000} = \frac{380 \cdot 45}{1000} = 17,1 \text{ kVA},$$

die Wirkleistung

$$N_w = \frac{U \cdot J \cdot \cos \varphi}{1000} = \frac{380 \cdot 45 \cdot 0,45}{1000} = 7,7 \text{ kW},$$

$$\cos \varphi = 0,45$$
$$\varphi = 63° \, 20'$$
$$\sin \varphi = 0,894$$
$$\text{tg } \varphi = 1,99$$

die Blindleistung

$$N_b = \text{tg } \varphi \cdot N = 1,99 \cdot 7,7 = 15,3 \text{ BkW}.$$

Zeichnet man aus den Werten der Wirk- und Blindleistung das Leistungsdiagramm nach Abb. 9, so kann man in gleichmäßigen Teilungen die $\cos \varphi$-Werte auf der Achse der Wirkleistungen auftragen. Lotet man diese Werte bis zu dem Einheitskreis hoch und zieht die zugehörigen Winkelstrahlen, so kann man auf der Achse der Blindleistung die zu jedem $\cos \varphi$-Wert zugehörige Blindleistung abgreifen. In umgekehrter Richtung gemessen sind das aber die zugehörigen Kondensatorleistungen, die notwendig sind, um diese Blindleistungen zu kompensieren.

Aufgabe 17: Gegeben sind die Angaben der Aufg. 16. Gesucht ist die Kondensatorleistung, welche notwendig ist, um den $\cos \varphi$ von 0,45 auf 0,70 zu verbessern.

Aus Abb. 9 liest man 7,6 BkW ab. (Maßstab: 1 mm = 1/3 kW).

Mitunter werden die Schweißkondensatoren in der Maßeinheit Mikro-Farad angeboten. Dann ist eine Umrechnung notwendig.

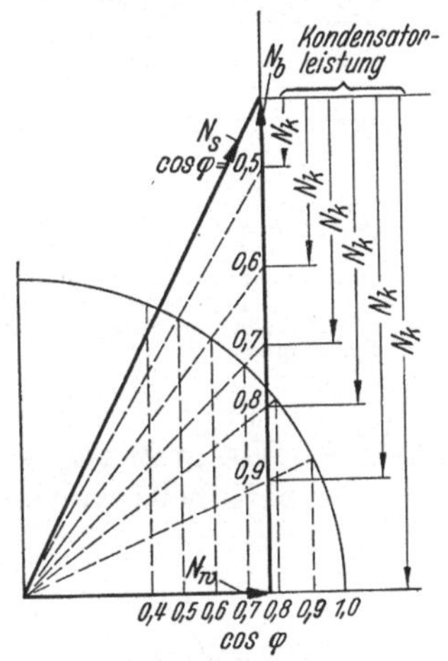

Abb. 9. Ermittlung der Kondensatorleistung zur Kompensierung bestimmter Blindleistungen.

$$N_b = 2 \pi \cdot f \cdot U^2 \cdot c \cdot 10^{-9}$$

$$c = \frac{N_b \cdot 10^9}{2 \cdot \pi \cdot f \cdot U^2}$$

f = Frequenz
U = Spannung in V
N_b = Blindleistg. BkW
c = Kapazität in Mikro-Farad

Aufgabe 18: Man rechne die Kondensatorleistung der Aufg. 17 in Mikro-Farad um.

$$c = \frac{N_b \cdot 10^9}{2 \cdot \pi \cdot f \cdot U^2} = \frac{7,6 \cdot 10^9}{2 \cdot \pi \cdot 50 \cdot 380^2} = 168 \, \mu\text{F}.$$

3. Elektrische Arbeit und Leistung. Den Verbrauch an elektrischer Arbeit gibt der Zähler an. Bei kleinen Arbeitsverbräuchen (z. B. bei der Ermittlung des Arbeitsverbrauches beim Verschweißen einer Elektrode) kann man den Wert an den Umdrehungen der Zählerscheibe ablesen.

Aufgabe 19: Auf dem Zähler ist die Angabe abzulesen „128 Umdrehungen der Zählerscheibe sind 1 kWh".

Für die Ausführung einer Arbeit sind 34 Umdrehungen der Scheibe gezählt worden. Welcher Arbeitsverbrauch liegt vor?

$$A = \frac{34}{128} = 0,266 \text{ kWh}.$$

Umgekehrt kann man unter Messung der Zeit und der Umdrehungen der Zählerscheibe die *durchschnittliche* (nicht die augenblickliche) Leistung einer angeschlossenen Schweißmaschine ermitteln. Dies kann bei der Ermittlung der Leerlaufleistungen von Schweißmaschinen sehr gute Dienste leisten.

Aufgabe 20: Gegeben ist der Zähler der Aufg. 19. Es sind für 20 Umläufe der
Zählerscheibe 232 sek ermittelt worden. Wie groß ist die angeschlossene durchschnittliche Leistung?

In 232 sek fand ein Verbrauch von $\dfrac{20}{128}$ kWh statt

„ 1 „ „ „ „ „ $\dfrac{20}{232 \cdot 128}$ kWh statt

„ 3600 „ = 1 Std. „ „ „ „ $\dfrac{20 \cdot 3600}{232 \cdot 128} = 2{,}42$ kWh statt.

Also war die durchschnittliche Leistung
2,42 kW.

4. Schweißkabel und Schweißstromstärke.
Bei längeren Schweißkabeln muß man die
Stromverminderung berücksichtigen, welche
infolge des Widerstandes der Leitungen auftritt. Abb. 10 zeigt die *ungefähre* Stromverminderung in % bei 10 m Länge der kupfernen Hin- und Rückleitungen bei verschiedenen Querschnitten in Abhängigkeit von der
Schweißstromstärke, gegenüber dem Idealfall, daß die Leitungen keinen Widerstand
hätten und die Spannung der Stromquelle
konstant wäre.

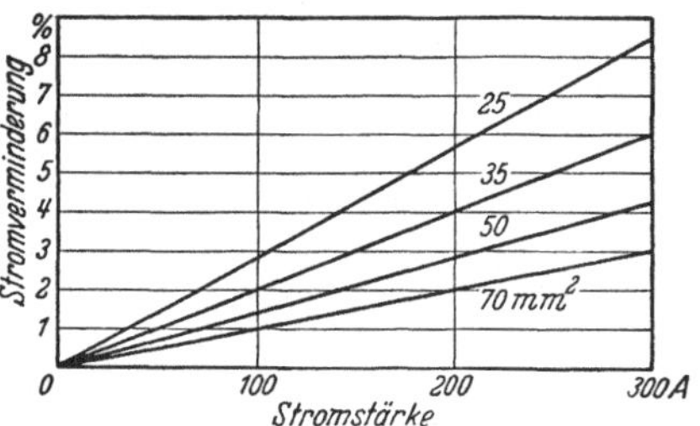

Abb. 10. Ungefähre Stromverminderung in Prozent
bei 10 m Länge der kupfernen Hin- und Rückleitungen bei verschiedenen Querschnitten in Abhängigkeit von der Schweißstromstärke, gegenüber
dem Idealfall, daß die Leitungen keinen Widerstand hätten. Spannung der Stromquelle konstant
angenommen.

Aufgabe 21: Es soll mit 200 A geschweißt werden. Länge der kupfernen Hin-
und Rückleitungen 50 m bei einem Querschnitt von 35 mm². Wie groß ist der
Strom, der bei einer Einstellung der Maschine auf 200 A und einer Kabellänge von
50 m wirklich fließt?

Aus Abb. 10 ergibt sich eine Stromverminderung um 4%.

Also $I' = \dfrac{50 \cdot 200 \cdot 4}{10 \cdot 100} = 40$ A (entsprechend $\dfrac{50}{10} \cdot 4 = 20\%$ von 200 A).

Also $I_0 = I - I' = 200 - 40 = 160$ A.

Umgekehrt kann man aus Abb. 10 den Querschnitt der Leitungen ermitteln,
wenn eine bestimmte Stromverminderung zugelassen und die Länge der Leitungen
gegeben ist.

Aufgabe 22: Die Gesamtlänge der Schweißkabel beträgt 60 m. Es sei 12%
Stromverminderung zugelassen. Gesucht ist der Querschnitt der Leitungen.

Auf 10 m bezogen beträgt die Stromverminderung $\dfrac{12 \cdot 10}{60} = 2\%$.

Aus Abb. 10 ergibt sich aus 2% und 200 A ein Querschnitt von $F = 70$ mm².
Solche Rechnungen sind vor allem dann vordringlich, wenn man mit Stromstärken schweißen muß, welche nahe an der äußersten Grenze der Belastbarkeit
der Schweißmaschine liegen. Denn hat man mit niederen Stromstärken zu schweißen, so kann man der durch die Leitung verursachten Stromverminderung durch
Höherregulierung der Schweißmaschine begegnen. Daß diese Stromverminderungen eine erhebliche Verschlechterung des Wirkungsgrades bedeuten und somit
die Stromkosten der Schweißarbeit erhöhen, sei am Rande vermerkt. Es sind daher möglichst kurze Schweißkabel zu wählen.

Bei Schweißumspannern tritt bei absinkender Anschluß-Netzspannung ein Absinken der Schweißstromstärke bei bestimmter Einstellung ein. Abb. 11 zeigt diese Veränderungen in % in Abhängigkeit von Veränderungen der Anschluß-Netzspannung.

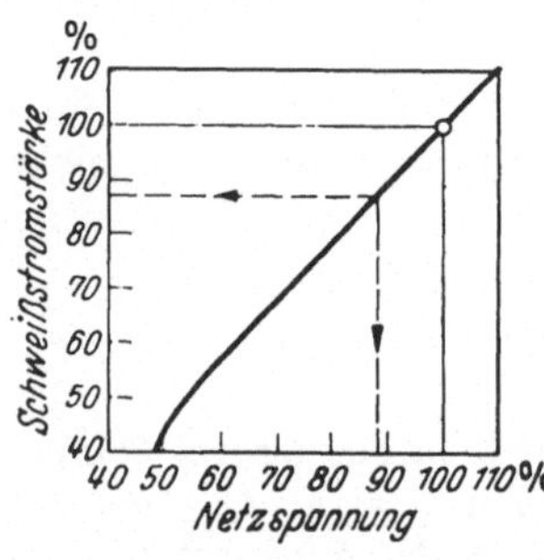

Abb. 11. Abfall der Schweißstromstärke bei sinkender Netzspannung.

Aufgabe 23: Infolge des Schweißens sinkt die Anschlußspannung eines Schweißumspanners wegen zu langer, dünner Anschlußleitungen um 10%. Wie groß ist die tatsächliche Schweißstromstärke, wenn der Schweißumspanner auf 150 A eingestellt ist?

Aus Abb. 10 liest man 88% ab. Also ergibt sich $I = 150 \cdot 0,88 = 132$ A. Da die Erwärmungen sich mit dem Quadrat der Stromstärke verändern, so ergibt das eine Verminderung der Erwärmung an der Schweißstelle auf:

$$\frac{132^2}{150^2} = 0,775 = 77,5\%.$$

In stark belasteten Fabriknetzen kann die Anschlußspannung erfahrungsgemäß noch stärker sinken, da der Betriebsumspanner schon meist bei starker Belastung eine niedere Sekundärspannung hat. Die Aufg. 23 soll die Notwendigkeit des ausreichenden Anschlusses von Schweißumspannern zeigen. Vor allem weist sie auf die sehr ungünstigen Folgen eines starken Schwankens der Netzspannung hin, wie es in überlasteten Fabriknetzen mitunter anzutreffen ist. Infolge dieser starken Schwankungen ist der Schweißer nicht in der Lage, die richtige Stromstärke einzuhalten.

Beim Schweißen mit dem Kohlelichtbogen kann hinsichtlich der Strombelastung bei gewöhnlicher Kohle mit dem Wert $A/F = 0,5$, bei Graphitkohle mit dem Wert $A/F = 1,3$ gerechnet werden, wobei A in Amp. und F in mm² einzusetzen sind.

Aufgabe 24: Welche Kohledurchmesser werden beim Schweißen mit 220 A bei Graphitkohle und beim Schweißen mit gewöhnlicher Kohle gewählt.

$$\text{Graphitkohle } A/F = 1,3; \qquad F = \frac{220}{1,3} = 169 \text{ mm}^2.$$

Daraus ergibt sich der Durchmesser $d \approx 15$ mm.

$$\text{Kohle } A/F = 0,5; \qquad F = \frac{220}{0,5} = 440 \text{ mm}^2.$$

Daraus ergibt sich der Durchmesser $d \approx 25$ mm.

II. Gasschweißen.

5. Gasentwicklung. Die theoretische Ausbeute an Azetylengas bei Entwicklung aus Kalziumkarbid beträgt bei 15° C und 760 mm QS etwa 367 l/kg. Die praktische Gasausbeute ist schon bei verlustloser Vergasung geringer (s. Tab. 4). Im praktischen Betrieb sind Verluste kaum zu vermeiden, weshalb man nur 80···90% dieser Werte erreichen kann.

Tabelle 4. Ausbeute an Azetylen in Abhängigkeit von der Körnung des Karbids.

mm Körnung	Ausbeute l/kg
4···15	260
15···25	280
25···80	300
Preßkarbid	275

Aufgabe 25: Ein Azetylenentwickler für Körnung 50/80 hat eine Füllung von 10 kg Karbid. Wieviel Azetylen wird bei einer Füllung erzeugt?

$$V = 10 \cdot 300 \cdot 0,90 = 2700 \text{ l.}$$

Aufgabe 26: Welchen Raum nimmt die Gasmenge der Aufg. 25 bei 25 C ein? Das Volumen verändert sich im Verhältnis der absoluten Temperaturen. Also

$$V_1 = \frac{V \cdot T_1}{T} = \frac{V \cdot (273 + t_1)}{273 + t} = \frac{2700 \cdot (273 + 25)}{273 + 15} = 2800 \text{ l}.$$

Aufgabe 27: Eine Sauerstoff-Flasche mit einem Inhalt von $I_1 = 40$ l hat vor Beginn der Schweißarbeit einen Druck von $p_1 = 112$ atü, nach dem Schweißen einen Druck von $p_2 = 98$ atü. Die Temperatur hat sich während des Schweißens nicht verändert. Wieviel m³ Sauerstoff wurde verbraucht?

$$V = I_1 (p_1 - p_2) = 40 (112 - 98) = 560 \text{ l} = 0,560 \text{ m}^3.$$

Verändert sich während des Schweißens die Temperatur, dann ist der Rechnungsgang folgender:

Aufgabe 28: Gegeben sind die Angaben der Aufg. 27, jedoch betrug die Temperatur vor dem Schweißen $t_1 = 15°$ C, nach dem Schweißen $t_2 = 30$ C. Gesucht ist der Sauerstoffverbrauch bei 15° C. Der Druck $p_2 = 98$ atü muß auf die ursprüngliche Temperatur zurückbezogen werden. Also:

$$p_2' = p_2 \cdot \frac{T_1}{T_2} = \frac{98 \cdot (273 + 15)}{273 + 30} = 93,2 \text{ atü}.$$

$$V = I_1 \cdot (p_1 - p_2') = 40 \cdot (112 - 93,2) = 752 \text{ l} = 0,752 \text{ m}^3.$$

Man erkennt hieraus den Einfluß der Temperaturänderungen.

Die Größe eines Entwicklers ergibt sich aus der Karbidfüllung in kg und der Stundenleistung in l/Std. Beide Angaben befinden sich auf den Leistungsschildern an den Apparaten, wobei jedoch zu bemerken ist, daß die Angabe der Stundenleistung mit Rücksicht auf die Sicherheit (Begrenzung der zulässigen Erwärmung) des Apparates getroffen ist. Die tatsächliche Leistung wird man vorsichtigerweise mit 50% der angegebenen Leistung annehmen können.

Aufgabe 29: Ein Entwickler hat 6 kg Karbidfüllung und eine Stundenleistung von 4000 l. Wieviel Brenner Nr. 6···9 können angeschlossen werden und welche Zeit hält eine Füllung bei vollem Betrieb aus?

Die tatsächliche Leistung ist $0,5 \cdot 4000 = 2000$ l/Std. Nach Tab. 5 hat Brenner Nr. 6···9 einen Gasverbrauch von 700 l/Std.

Also Anzahl der Brenner $= \dfrac{2000}{700} \approx 3$.

1 kg Karbid liefert nach Tab. 4 $300 \cdot 0,9 = 270$ l/Std.

Es sind vorhanden: $270 \cdot 6 = 1620$ l.

Es werden verbraucht $3 \cdot 700 = 2100$ l/Std.

Also Zeitdauer $= \dfrac{1620}{2100} = 0,775 \approx {}^3/_4$ Std.

Tabelle 5. Gasverbrauch von Schweißbrennern.

Brenner Nr.	Ungefährer Gasverbrauch l/Std.
0,5··· 1	90
1 ··· 2	150
2 ··· 4	300
4 ··· 6	475
6 ··· 9	700
9 ···14	1200
14 ···20	1700
20 ···30	2350

6. Gasfortleitung. Der Rohrquerschnitt ist von dem Druckverlust abhängig, welcher für diese Rohrleitung zugelassen ist. Der Druckverlust hängt als solcher von der Länge, dem Querschnitt, der Beschaffenheit der Leitung (z. B. mehr oder weniger Krümmungen) und von der Gasart ab. Für einfache Azetylenleitungen errechnet sich der Rohrdurchmesser nach dem Erfahrungswert

$$d = \sqrt{3,5 \cdot \frac{Q}{v}},$$

wobei „d" der gesuchte Rohrdurchmesser in cm, „Q" die Gasmenge in m³/Std., „v" die Gasgeschwindigkeit in m/sek ist. Die üblichen Gasgeschwindigkeiten sind aus Tab. 6 zu ersehen.

Aufgabe 30: Der Querschnitt einer Azetylenleitung für 10 Brenner Nr. 6···9 soll berechnet werden (Niederdruckgas). Aus Tab. 5 ergibt 1 Brenner Nr. 6···9 einen Verbrauch von 700 l/Std., 10 Brenner somit 7 m³/Std. Also für 10 Brenner

$$d = \sqrt{3{,}5 \cdot \frac{7}{2}} = 3{,}5 \text{ cm.}$$

Aus Tab. 7 wird $1^1/_4''$ oder $1^1/_2''$ Durchmesser gewählt.

Tabelle 6. Übliche Gasgeschwindigkeit $v = $ m/sek.

Niederdruckgas	2,0
Mitteldruckgas	2,5
Hochdruckgas	5

Tabelle 7. Lichter Rohrdurchmesser und Querschnitte.

d (Zoll)	$^1/_8$	$^1/_4$	$^3/_8$	$^1/_2$	$^5/_8$	$^3/_4$	1	$1^1/_4$	$1^1/_2$	2	$2^1/_4$	$2^1/_2$	3	$3^1/_2$	4
d (mm)	3,18	6,35	9,53	12,7	15,9	19,1	25,4	31,7	38,1	50,8	57,1	63,5	76,2	88,9	101,6
F (cm²)	0,079	0,32	0,71	1,27	1,98	2,83	5,07	7,89	11,4	20,27	25,60	31,67	45,60	62,07	81,71

7. Druckmessung von Gasen. Druckmessungen von Gasen finden entweder mit dem Manometer statt oder mit U-förmig gebogenen offenen und geschlossenen Glasröhren, welche mit einer Flüssigkeit gefüllt sind.

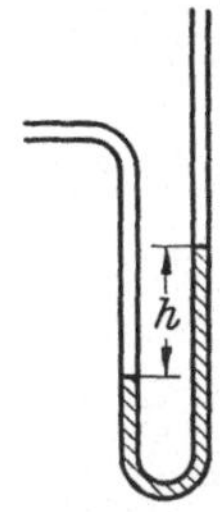

a) Offene Röhren: Bei offenen Röhren ist aus der Höhendifferenz der Flüssigkeitsspiegel in den beiden Schenkeln der Druck abzulesen. Dabei bedeutet:

$$1 \text{ at} = 1 \text{ kg/cm}^2 = 10\,000 \text{ mm WS (Wassersäule)}$$
$$= 735{,}6 \text{ mm QS (Quecksilbersäule).}$$

Umgerechnet ergibt sich auch 1 mm WS = 1 kg/m² (Abb. 12), 1 mm QS = 13,6 kg/m². Man rechnet mit at Überdruck (Überdruck über dem Atmosphärendruck) = atü und dem absoluten Druck = ata. Bei allen vergleichenden Rechnungen ist stets der Druck der Atmosphäre (Barometerstand) zu berücksichtigen.

Abb. 12. Druckermittlung mit Hilfe offener U-Röhren.

Aufgabe 31: Das Manometer eines Kessels zeigt 1,2 atü. Wieviel ata sind das, wenn der Barometerstand = 650 mm QS ist?

$$735{,}6 \text{ mm} = 1 \text{ ata}, \quad 1 \text{ mm} = \frac{1}{735{,}6} \text{ ata}, \quad 650 \text{ mm} = \frac{650}{735{,}6} = 0{,}884 \text{ ata.}$$

Also Gesamtdruck: $1{,}2 + 0{,}884 = 2{,}084$ ata.

Aufgabe 32: Eine Rohrleitung zeigt einen Überdruck von 150 mm WS. Wieviel ata sind in der Leitung, wenn der Barometerstand = 720 mm QS beträgt?

$$10\,000 \text{ mm} = 1 \text{ ata}, \quad 1 \text{ mm} = \frac{1}{10\,000}, \quad 150 \text{ mm} = \frac{150}{10\,000} = 0{,}015 \text{ ata}$$

$$735{,}6 \text{ mm QS} = 1 \text{ ata}, \quad 720 \text{ mm QS} = \frac{720}{735{,}6} = 0{,}979 \text{ ata}$$

$$\text{Gesamtdruck} = 0{,}994 \text{ ata}.$$

Tabelle 8. Spezifisches Gewicht von Gasen bei 0° C und 760 mm QS.

	Luft = 1 gesetzt	kg/m³
Azetylen	0,91	1,16
Wasserstoff	0,069	0,09
Leuchtgas (ungefährer Wert) . .	0,40	0,50
Sauerstoff	1,11	1,43
Stickstoff	0,97	1,25
Kohlenoxydgas . .	0,97	1,25
Kohlendioxyd . . .	1,52	1,96
Luft	1,00	1,29

Aufgabe 33: Eine Gasrohrleitung hat einen Unterdruck von 35 mm QS bei einem Barometerstand von 780 mm QS. Welcher absolute Druck ist in der Rohrleitung vorhanden?

Innendruck

$$= 780 - 35 = 745 \text{ mm QS},$$
$$735{,}6 \text{ mm QS} = 1 \text{ ata},$$
$$745 \text{ mm QS} = \frac{745}{735{,}6} = 1{,}01 \text{ ata}.$$

Aufgabe 34: Das spezifische Gewicht von Azetylen ist für einen Druck von 790 mm QS umzurechnen.

$$\frac{\gamma_x}{\gamma_0} = \frac{p_x}{p_0}, \qquad \gamma_x = \frac{p_x \cdot \gamma_0}{p_0} = \frac{790 \cdot 1{,}16}{760} = 1{,}21 \text{ kg/m}^3 .$$

Aufgabe 35: Das spezifische Gewicht von Azetylen ist für die Temperatur von $25°$ C umzurechnen.

$$\frac{\gamma_x}{\gamma_0} = \frac{T_0}{T_x}, \qquad \gamma_x = \frac{T_0 \cdot \gamma_0}{T_x} = \frac{273 \cdot 1{,}16}{273 + 25} = 1{,}07 \text{ kg/m}^3 .$$

b) Geschlossene Röhren: Diese Methode hat den Vorteil, daß auch bei stark verschiedenen Drücken auf bequeme Weise eine hohe Ablesegenauigkeit zu erreichen ist.

Es sollen bedeuten: $p_0 =$ äußerer Luftdruck; $p_1 =$ zu messender Gasdruck, $p_2 =$ Gasdruck im Ende der Röhre vor der Messung; $p_2' =$ Gasdruck im Ende der Röhre nach der Messung.

Vor Beginn der Messung verbindet man den linken Schenkel der Röhre mit der Außenluft. Dann sind zwei Fälle möglich:

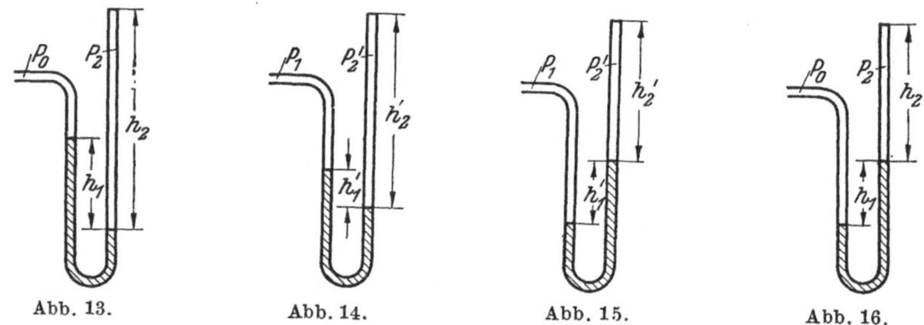

Abb. 13.   Abb. 14.   Abb. 15.   Abb. 16.

Abb. 13. bis 16. Druckermittlung mit Hilfe geschlossener U-Röhren.

Fall 1: Abb. 13.

Vor der Messung:

$$p_2 = p_0 + h_1 , \qquad \frac{p_2'}{p_2} = \frac{h_2}{h_2'} , \qquad p_2' = p_2 \frac{h_2}{h_2'} = (p_0 + h_1) \cdot \frac{h_2}{h_2'} .$$

Nach der Messung:

Entweder nach Abb. 14: $\quad p_2' = p_1 + h_1' , \; p_1 = p_2' - h_1' ,$

$$p_1 = (p_0 + h_1) \cdot \frac{h_2}{h_2'} - h_1' , \tag{1}$$

oder nach Abb. 15: $\qquad p_1 = p_2' + h_1' = (p_0 + h_1) \cdot \frac{h_2}{h_2'} + h_1' . \tag{2}$

Fall 2: Abb. 16.

Vor der Messung: $\qquad p_0 = p_2 + h_1 , \qquad p_2 = p_0 - h_1 ,$

$$\frac{p_2'}{p_2} = \frac{h_2}{h_2'} , \qquad p_2' = p_2 \cdot \frac{h_2}{h_2'} , \qquad p_2' = (p_0 - h_1) \cdot \frac{h_2}{h_2'} .$$

Nach der Messung:

Entweder nach Abb. 15: $\quad p_1 = p_2' + h_1' = (p_0 - h_1) \cdot \frac{h_2}{h_2'} + h_1' , \tag{3}$

oder nach Abb. 14: $\qquad p_2' = p_1 + h_1' , \qquad p_1 = p_2' - h_1' ,$

$$p_1 = (p_0 - h_1) \cdot \frac{h_2}{h_2'} - h_1' . \tag{4}$$

Bei allen diesen Gleichungen sind die h-Werte in mm, die p-Werte in kg/m² einzusetzen.

Die Apparatur ist in ihrer Anzeige wärmeempfindlich. Wenn auch der Temperatureinfluß gering ist (Verhältnis der absoluten Temperaturen!), so soll man doch während der Messung die Temperatur nach Möglichkeit unverändert halten, insbesondere ist die Hitze der Schweißflamme fernzuhalten.

8. Mengenmessung von Gasen. Zur Messung der Gasmengen kann man Gasuhren und Durchflußmesser verwenden. Gasuhren haben den Nachteil, daß man sie wegen der gewünschten Meßgenauigkeit längere Zeit laufen lassen muß, — man erhält also stets nur Durchschnittswerte des Gasverbrauchs, — und daß Fehler in der Anzeige wegen der verschiedenen Drücke (evtl. auch wegen der verschiedenen Feuchtigkeit und Temperatur) enthalten sind. Die Durchflußmesser haben als Nachteil auch Fehler entweder durch Nichtberücksichtigung des verschiedenen Druckes oder durch geringen Meßbereich.

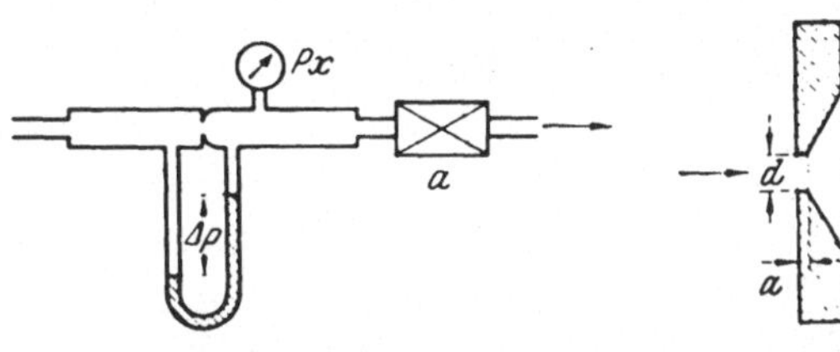

Abb. 17. Schematische Darstellung der Anordnung bei Durchflußmengenmessung von Gasen mit Stauscheibe.

Abb. 18. Stauscheibe (Blende).

Ein verhältnismäßig einfaches Mittel zur Bestimmung des Augenblickswertes des Gasverbrauches ist die Stauscheibe. (Anordnung s. Abb. 17.)

Die Messung beruht auf der Anwendung der Bernoullischen Gleichung:

$$Q = a \cdot F \cdot \sqrt{\frac{2 \cdot \varDelta p}{\varrho}}. \qquad (5)$$

Dabei bedeuten:

Q = Gasmenge in m³/sek bei 0° C und 760 mm QS,

$F = \dfrac{d^2 \cdot \pi}{4}$; d ist der Lochdurchmesser der Stauscheibe (Blende) in m (Abb. 18),

a = konstanter Faktor,

$\varDelta p$ = Druckdifferenz in mm WS (kg/m²),

$\varrho = \dfrac{\gamma_0}{g}$ = Dichte des Gases in $\dfrac{\text{kg} \cdot \text{sek}^2}{\text{m}^4}$,

γ_0 = spezifisches Gewicht des Gases in kg/m³ bei 0° C und 760 mm QS,

g = 9,81 m/sek² Erdbeschleunigung.

Der konstante Faktor a hängt von der Reynoldschen Zahl (Gl. (6)) ab.

$$R = \frac{v \cdot d}{\nu}. \qquad (6)$$

Tabelle 9. Dynamische Zähigkeit η von Gasen in kg sek/m² bei 0° C und 760 mm QS.

Azetylen	0,000 000 940
Wasserstoff	0,000 000 852
Methan	0,000 001 030
Leuchtgas (ungefährer Wert) . .	0,000 001 000
Sauerstoff	0,000 001 965
Luft	0,000 001 753
Kohlensäure . . .	0,000 001 425
Stickstoff	0,000 001 683

Darin ist:

v = Gasgeschwindigkeit in m/sek,

d = Lochdurchmesser der Stauscheibe in m,

$\nu = \dfrac{\eta}{\varrho}$ kinematische Zähigkeit in m²/sek,

η = dynamische Zähigkeit des Gases in kg sek/m² (s. Tab. 9).

Da $Q = \dfrac{v \cdot d^2 \cdot \pi}{4}$ ist, so ist $v = \dfrac{4 \cdot Q}{d^2 \cdot \pi}$.

Daraus ergibt sich:

$$R = \frac{4 \cdot Q \cdot d}{d^2 \cdot \pi \cdot \nu} = \frac{4 \cdot Q \cdot \gamma_0}{d \cdot \pi \cdot \eta \cdot g}.$$

Konstante Glieder sind:
$$k = \frac{4 \cdot \gamma_0}{\pi \cdot \eta \cdot g \cdot R}.$$

Also ergibt sich:
$$d = kQ.$$

Nimmt man nun an, daß sich infolge der Stauscheibe der Druck p_1 nur wenig ändert (s. Abb. 17), so ergibt sich:

$$d = k'Q, \qquad d_1 = k'Q_1, \qquad d_x = k'Q_x;$$
$$\frac{d_x}{d} = \frac{Q_x}{Q}, \qquad d_x = \frac{d \cdot Q_x}{Q}. \tag{7}$$

Aus dieser Beziehung sieht man, daß zu jeder Gasmenge ein bestimmter Düsendurchmesser gehört. Man verfährt daher besser umgekehrt, indem man von Gl. (5) ausgeht.

Da sich die spezifischen Gewichte von Gasen wie die zugehörigen Drücke verhalten, so ist:

$$\frac{\gamma_x}{\gamma_0} = \frac{p_x}{p_0},$$

wenn $p_0 = 1$, ist $\gamma_x = \gamma_0 \cdot p_x$.

In Gl. (5) eingesetzt ergibt sich:

$$Q' = a \cdot F \cdot \sqrt{\frac{2 \cdot \Delta p \cdot g}{\gamma_0}}, \qquad Q = p_x \cdot a \cdot F \cdot \sqrt{\frac{2 \cdot \Delta p \cdot g}{\gamma_0 \cdot p_x}},$$
$$Q = a \cdot F \cdot \sqrt{\frac{2 \cdot \Delta p \cdot g \cdot p_x^2}{\gamma_0 \cdot p_x}} = a \cdot F \cdot \sqrt{\frac{2 \cdot \Delta p \cdot g \cdot p_x}{\gamma_0}}.$$

Hierbei sind konstante Glieder $k'' = a \cdot F \cdot \sqrt{\frac{2 \cdot g}{\gamma_0}}$,

und daraus ergibt sich: $\qquad Q = k'' \cdot \sqrt{\Delta p \cdot p_x}.$ $\tag{8}$

Man stellt sich nun eine Reihe von Stauscheiben für verschiedene Meßbereiche unter Berücksichtigung der Gl. (8) her (s. a. DIN 1952).

Man schaltet zur Eichung der Stauscheiben möglichst hinter der Stauscheibe einen Gasmesser „a" (Abb. 17) und ermittelt unter Benutzung der Gl. (8) für jede Stauscheibe bei dem entsprechenden Meßbereich den k''-Wert. Jede Stauscheibe kann für den Meßbereich verwendet werden, bei dem der k''-Wert unverändert bleibt.

Nach dieser Eichung, welche nur einmal vorzunehmen ist, kann die Stauscheibe unter Berücksichtigung ihres

Tabelle 10. Blendendurchmesser in Abhängigkeit vom Gasverbrauch (Abb. 18).

Gasverbrauch	Nenngasmenge	Blendendurchmesser	Randdicke
l/Std.	l/Std.	mm d	a mm
0 ··· 200	100	0,5	0,025
200 ··· 400	300	1,5	0,080
400 ··· 600	500	2,5	0,125
600 ··· 800	700	3,5	0,175
800 ··· 1000	900	4,5	0,225
1000 ··· 1400	1200	6,0	0,300

k''-Wertes und der Gl. (8) unmittelbar zur Messung benutzt werden. Die Genauigkeit der Messung hängt offensichtlich nicht von der Genauigkeit der Herstellung der Stauscheibe oder Einhaltung eines bestimmten Durchmessers ab.

Ein viel verwendetes einfaches Gerät[1] zur Mengenmessung von Gasen ist der „Rotamesser". Er besteht aus einer senkrechten, mit einer Skala versehenen Glasröhre; darin befindet sich ein Metallkörper, kegelähnlich, unten spitz, oben zylindrisch, in dessen Umfang steilgängige schraubenförmige Rillen eingearbeitet sind. Das Gas strömt von unten nach oben durch die Glasröhre. Dabei hebt es je nach

<hr>

[1] Hersteller: Firma Rota, Aachen, Werk Wehr, Wehr (Baden).

seiner Geschwindigkeit (Menge/Zeit) den Metallkörper auf eine bestimmte Höhe
und setzt ihn in drehende Bewegung. Der Stand des Metallkörpers zeigt dann an
der Skala der Glasröhre die durchströmende Menge an. Für jede Gasart braucht
man ein besonders geeichtes Instrument, also für Azetylen, Sauerstoff usw.

9. Chemische Umsetzungen. Berechnungen der Ergebnisse von chemischen Umsetzungen:

Tabelle 11.
Atomgewichte.

C	12
H^1	1,01
O	16
Ca	40,07

Aufgabe 36: Azetylen (C_2H_2):

$$C_2H_2 + 5\,O = 2\,CO_2 + H_2O,$$
$$2 \cdot 12 + 2 \cdot 1,01 + 5 \cdot 16 = 2 \cdot (12 + 2 \cdot 16) + 2 \cdot 1,01 + 16,$$
$$26 + 80 = 88 + 18.$$

Folglich liefert 1 kg C_2H_2 $\quad \dfrac{88}{26} = 3,38$ kg CO_2 und $\dfrac{18}{26} = 0,69$ kg H_2O.

1 kg C_2H_2 braucht $\dfrac{80}{26} = 3,08$ kg O.

Aufgabe 37: Methan (CH_4):

$$CH_4 + 4\,O = CO_2 + 2\,H_2O$$
$$12 + 4 + 4 \cdot 16 = 12 + 32 + 2\,(2 + 16)$$
$$16 + 64 = 44 + 36.$$

1 kg Methan braucht 4 kg O, liefert 2,75 kg CO_2 und 2,25 kg H_2O.

Aufgabe 38: Wasserstoff (H):

$$2\,H + O = H_2O$$
$$2 + 16 = 18.$$

1 kg H braucht zur Verbrennung 8 kg O und liefert 9 kg H_2O.

Aufgabe 39: Benzol (C_6H_6):

$$C_6H_6 + 15\,O = 6\,CO_2 + 3\,H_2O$$
$$72 + 6 + 240 = 6\,(12 + 32) + 3\,(2 + 16)$$
$$78 + 240 = 264 + 54.$$

1 kg Benzol braucht zur Verbrennung 3,08 kg O; es liefert 3,38 kg CO_2 und
0,69 kg H_2O.

Aufgabe 40: Propan (C_3H_8):

$$C_3H_8 + 5\,O_2 = 3\,CO_2 + 4\,HO$$
$$312 + 8 + 160 = 3\,(12 + 32) + 4\,(2 + 16)$$
$$44 + 160 = 132 + 72.$$

1 kg Propan braucht 3,64 kg O; es liefert 3 kg CO_2 und 1,64 kg H_2O.

Aufgabe 41: Azetylenerzeugung:

$$CaC_2 + 2\,H_2O = C_2H_2 + Ca(HO)_2,$$
$$40 + 24 + 2\,(2 + 16) = 2 \cdot 12 + 2 + 40 + (1 + 16)\,2,$$
$$64 + 36 = 26 + 74.$$

1 kg CaC_2 mit $\dfrac{36}{64} = 0,562$ kg H_2O gibt 0,406 kg C_2H_2 und 1,16 kg $Ca(HO)_2$.

---

[1] Praktisch rechnet man meistens $H = 1$.

Aufgabe 42: Leuchtgas. Die Zusammensetzung des Leuchtgases ist verschieden. Hier sei angenommen: $CO = 20\%$; $H = 52\%$; $CH_4 = 18\%$; Rest andere Kohlenwasserstoffe sowie O, N, CO_2.

$$C + O = CO \qquad\qquad CO + O = CO_2$$
$$12 + 16 = 28 \qquad\qquad 28 + 16 = 44.$$

0,2 kg CO mit $\dfrac{0,2 \cdot 16}{28} = 0,114$ kg O gibt $\dfrac{0,2 \cdot 44}{28} = 0,314$ kg CO_2

0,52 ,, H ,, $\dfrac{0,52 \cdot 16}{8} = 4,16$,, O ,, $\dfrac{0,52 \cdot 18}{2} =$ \qquad 4,68 kg H_2O

0,18 ,, CH_4 ,, $\dfrac{0,18 \cdot 64}{16} = 0,72$,, O ,, $\dfrac{0,18 \cdot 44}{16} = 0,495$,, $CO_2 + 0,405$ kg H_2O

Summe \qquad 4,994 kg O \qquad\qquad 0,809 kg $CO_2 + 5,085$ kg H_2O

III. Festigkeitsberechnungen bei ruhenden Kräften[1].

10. Allgemeines: Die Spannungen in Schweißnähten[2] werden mit ϱ bezeichnet. Die Schweißnaht wird in Festigkeitsberechnungen als ein besonderes Teil, ähnlich wie ein Niet betrachtet. Der Querschnitt der Nähte wird durch das Produkt $a \cdot l$ ge-

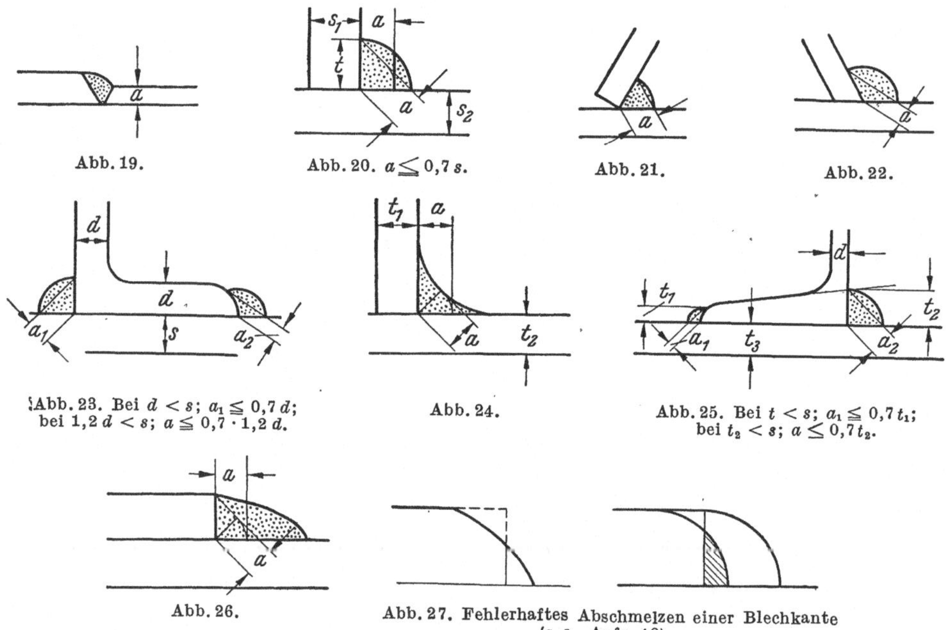

Abb. 19—27. Nahtdicken bei verschiedenen Nahtformen.

bildet, wobei a als Nahtdicke (s. Abb. 19···27), l als Nahtlänge bezeichnet wird. Die gesamte Nahtlänge ist L, wobei wegen der unsicheren Bindung der Naht am Anfang und Ende je einmal die Nahtdicke a abgezogen wird, also $l = L - 2\,a$ (s. Abb. 28).

---

[1] Es wird mit besonderem Nachdruck darauf hingewiesen, daß die folgenden Beispiele, der Aufgabenstellung des vorliegenden Buches entsprechend, ausschließlich wegen des instruktiven Rechnungsganges, nicht wegen der konstruktiven Gestaltung ausgewählt wurden. Um den vorgegebenen Rahmen des Buches nicht zu überschreiten, wurde auch bewußt auf Kritik der einzelnen Konstruktionen verzichtet.

[2] Über Bezeichnungen von Schweißnähten s. DIN 1910 u. Werkstattbuch Heft 43, 4. Aufl. S. 33.

Um die folgenden Rechnungen recht klar und durchsichtig zu gestalten, ist hier meistens von dem Abzug von „a" für den Nahtanfang und das Nahtende von der Nahtlänge abgesehen worden, d. h. es ist mit der Nettolänge l gerechnet.

Für elementare Überschlagsrechnungen nimmt man eine Verteilung der Spannungen über den Nahtquerschnitt an, wie sie bei allgemeinen Festigkeitsuntersuchungen üblich ist. Dem entsprechend ergibt sich die Beziehung

$$\text{für Kräfte } \varrho = \frac{P}{\Sigma a \cdot l} \, ; \qquad \text{für Momente } \varrho = \frac{M}{W} \cdot$$

Die zulässigen Spannungen sind nach DIN 4100 als Funktion der Werkstoffestigkeit nach Tab. 12 festgelegt.

Aufgabe 43: Die Spannungen eines Anschlusses nach Abb. 28 sind nachzuprüfen, Zugkraft $P = 4$ t; $a = 0,5$ cm; $l = 12$ cm.

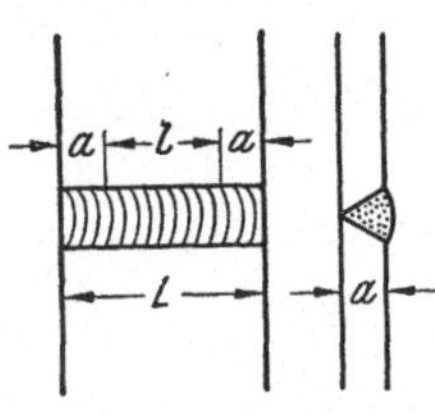

Abb. 28. Skizze zu Aufgabe 43.

$$\varrho = \frac{P}{a \cdot l} = \frac{4}{0,5 \cdot 12} = 0,667 \text{ t/cm}^2.$$

Bei Kehlnähten denkt man sich den gefährdeten Querschnitt in die Anschlußebene hereingeklappt (s. Abb. 20, 24, 26).

Aufgabe 44: Der Anschluß eines Teiles nach Abb. 29 ist nachzuprüfen. $P = 2$ t; $a = 0,8$; $l = 20$ cm.

$$W = \frac{2 \cdot 0,8 \cdot 20^2}{6} = 107 \text{ cm}^3; \qquad \varrho = \frac{M}{W} = \frac{2 \cdot 40}{107} = 0,75 \text{ t/cm}^2 .$$

Tabelle 12. Zulässige Spannungen von Schweißnähten nach DIN 4100.

Nahtart	Art der Beanspruchung	ϱ_{zul}
Stumpfnähte	Zug	$0,75 \cdot \sigma_{zul}$
	Druck	$0,85 \cdot \sigma_{zul}$
	Biegung	$0,80 \cdot \sigma_{zul}$
	Schub	$0,65 \cdot \sigma_{zul}$
Kehlnaht	jede Beanspruchung	$0,65 \cdot \sigma_{zul}$

Treten 2 Beanspruchungen an der gleichen Naht auf, so werden die Spannungen, sofern sie die gleichen Wirkungslinien haben, unter Berücksichtigung ihrer Vorzeichen (Zugspannung = +, Druckspannung = —) addiert. Stehen sie senkrecht zueinander (Zusammensetzen von Normal- und Tangentialspannungen) so werden sie für Überschlagsrechnungen geometrisch addiert:

$$\varrho_{res} = \sqrt{\varrho_1^2 + \varrho_2^2} \, .$$

Aufgabe 45: Der Anschluß nach Abb. 30 ist nachzuprüfen.

$$F = 2 \cdot 0,8 \cdot 20 = 32 \text{ cm}^2 ,$$

$$I = \frac{3,6^3 \cdot 20}{12} - \frac{2^3 \cdot 20}{12} = 64,5 \text{ cm}^4 ,$$

$$W = \frac{64,5}{1,8} = 35,8 \text{ cm}^3 .$$

$$\varrho_1 = \frac{P}{F} = \frac{3}{32} = 0,094 \text{ t/cm}^2 ,$$

$$\varrho_2 = \frac{M}{W} = \frac{3 \cdot 1}{35,8} = 0,084 \text{ t/cm}^2 ,$$

$$\varrho_{res} = \varrho_1 + \varrho_2$$
$$= 0,094 + 0,084 = 0,178 \text{ t/cm}^2 ,$$

Abb. 29. Skizze zu Aufgabe 44.   Abb. 30. Skizze zu Aufgabe 45.

Aufgabe 46: Aufgabe wie vorstehend, jedoch haben die Nähte verschiedene Länge: $a_1 = a_2 = 0,8$ cm; $l_1 = 12$ cm; $l_2 = 20$ cm (Abb. 31).

Zunächst ist die Schwerpunktslage der Nähte zu ermitteln:

$$x' = \frac{0,8 \cdot 20 \cdot 0,4 - 0,8 \cdot 12 \cdot 2,4}{0,8 \cdot 20 + 0,8 \cdot 12} = -0,65 \text{ cm} .$$

Sodann das Trägheitsmoment:

$$J = 0,8 \cdot 20 \cdot (0,65 + 0,4)^2 + 0,8 \cdot 12 \cdot (2 + 0,4 - 0,65)^2 = 47,0 \text{ cm}^4 .$$

Dann lassen sich die Spannungen wie folgt aufstellen:

$$\varrho' = \frac{3}{0,8 \cdot 20 + 0,8 \cdot 12} = 0,117 \text{ t/cm}^2 ,$$

$$\varrho_1'' = + \frac{3 \cdot 1,35 \cdot (2 + 0,8 - 0,65)}{47} = +0,185 \text{ t/cm}^2 ,$$

$$\varrho_2'' = - \frac{3 \cdot 1,35 \cdot (0,65 + 0,8)}{47} = -0,125 \text{ t/cm}^2 ,$$

$$\varrho_{1res} = \varrho' + \varrho_1'' = 0,117 + 0,185 = 0,302 \text{ t/cm}^2 ,$$

$$\varrho_{2res} = \varrho' + \varrho_2'' = 0,117 - 0,125 = -0,008 \text{ t/cm}^2 .$$

Aufgabe 47: Der Anschluß nach Abb. 32 ist nachzuprüfen. Da hier die angreifende Kraft verschieden gerichtete Spannungen zur Folge hat, lautet die Rechnung wie folgt:

P = 0,3 t;   F = 32 cm²;

W = 35,8 cm³.

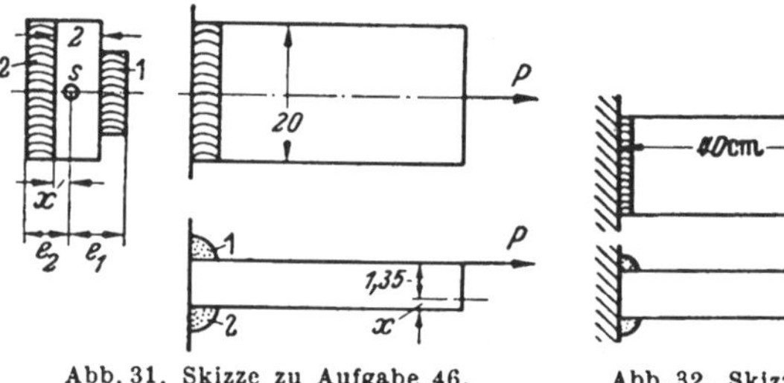

Abb. 31. Skizze zu Aufgabe 46.

Abb. 32. Skizze zu Aufgabe 47.

$$\varrho_1 = \frac{0,3}{32} = 0,0094 \text{ t/cm}^2 ,$$

$$\varrho_2 = \frac{0,3 \cdot 40}{35,8} = 0,336 \text{ t/cm}^2 ,$$

$$\varrho_{res} = \sqrt{\varrho_1^2 + \varrho_2^2} = \sqrt{0,0094^2 + 0,336^2} = 0,337 \text{ t/cm}^2 .$$

11. Anschluß von einzelnen Stäben. *Aufgabe 48:* Ein Flachstahl 80×10 mm ist durch Überlappung voll anzuschließen. $\sigma_{zul} = 1,4$ t/cm² (s. Abb. 33).

$$P = F \cdot \sigma_{zul} = 8 \cdot 1 \cdot 1,4 = 11,2 \text{ t}; \quad \text{Schweißfläche } F_S = \frac{P}{\varrho_{zul}} = \frac{11,2}{0,91} = 12,3 \text{ cm}^2 .$$

Berücksichtigt man hier den Unterschied zwischen Brutto- und Nettolänge, also $l = L - 2a$, dann haben die Stirnnähte folgenden Querschnitt $F_{St} = 2 \cdot a \cdot (L - 2a)$. Die größte Nahtdicke könnte hier $0,7 \cdot 1 = 0,7$ cm sein. Also $F_{St} = 2 \cdot 0,7 (8 - 2 \cdot 0,7) = 9,24$ cm². Für die Flankennähte bleibt dann übrig $F_{Fl} = F_S - F_{St} = 12,3 - 9,24 = 3,06$ cm². Für die Flankennähte gilt

$$F_{Fl} = 2 a (x - 2 a),$$
$$3,06 = 2 \cdot 0,7 (x - 2 \cdot 0,7),$$
$$x = 3,6 \text{ cm} .$$

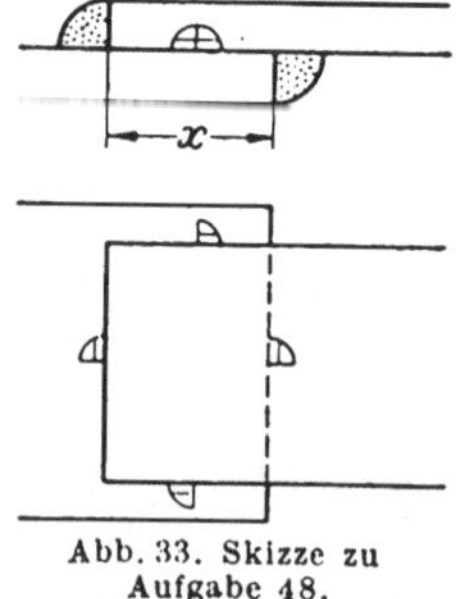

Abb. 33. Skizze zu Aufgabe 48.

Da die geringste Länge von tragenden Schweißnähten 4 cm sein soll, könnte die Nahtdicke kleiner gewählt werden; bei $x = 4$ cm wäre $a = 0,66$ erforderlich.

Die Nahtdicke von $a = 0,6$ cm wird besonders gern angewendet (Einlagenschweißung!); mit $a = 0,6$ cm ergibt obiger Rechnungsgang $x = 4,6$ cm.

Nebenbemerkung: Bei $a = 0,7$ cm würde die ganze Kehle, die sich aus der Blechdicke ergibt, vollgeschweißt werden. Dadurch besteht die große Gefahr, daß der Schweißer die Kanten nach Abb. 27 abschmilzt, so daß dadurch die Naht einen sehr kleinen Querschnitt erhält. Damit dieser Fehler nicht eintreten kann, empfiehlt sich schon aus diesem Grunde die Verwendung einer schwächeren Naht. Außerdem ist zu bedenken, daß dünnere längere Nähte billiger als dickere kürzere sind, da die Kosten von Schweißnähten etwa mit dem Quadrat der Nahtdicke steigen.

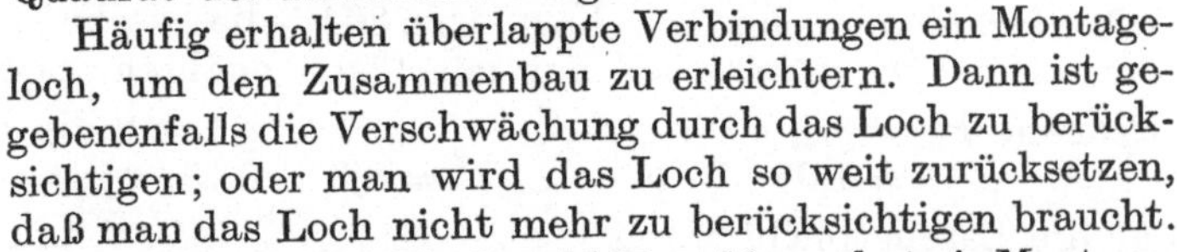

Häufig erhalten überlappte Verbindungen ein Montageloch, um den Zusammenbau zu erleichtern. Dann ist gegebenenfalls die Verschwächung durch das Loch zu berücksichtigen; oder man wird das Loch so weit zurücksetzen, daß man das Loch nicht mehr zu berücksichtigen braucht.

Aufgabe 49: Der Flachstahl 80×10 mm hat ein Montageloch $d = 23$ mm $\varnothing$. Es soll eine Kraft von $P = 11,2$ t übertragen werden ($\sigma_{zul} = 1,4$ t/cm²). Wie groß ist y zu wählen (s. Abb. 34), damit die Schwächung durch das Loch nicht mehr berücksichtigt zu werden braucht?

Abb. 34. Skizze zu Aufgabe 49.

Lochkraft $P_L = d \cdot s \cdot \sigma_{zul} = 2,3 \cdot 1 \cdot 1,4 = 3,22$ t.

Die Stirnnahtkraft ist $P_s = a (L - 2a) \cdot \varrho_{zul} = 0,6 (8 - 2 \cdot 0,6) \, 0,91 = 3,7$ t. Da die Stirnnahtkraft schon größer als die Schwächung durch das Loch ist, kann y beliebig gewählt werden.

Fehlen die Stirnnähte, so wird sich die vorstehende Aufgabe folgendermaßen darstellen.

Aufgabe 50: Angaben der Aufg. 49, jedoch fehlen die Stirnnähte. Es werden x und y gesucht.

$$P = \varrho_{zul} \, 2a \, (x - 2a), \qquad P_{Loch} = d \cdot s \cdot \sigma_{zul} = 2,3 \cdot 1 \cdot 1,4 = 3,22 \text{ t},$$
$$11,2 = 0,91 \cdot 2 \cdot 0,6 \, (x - 1,2), \qquad P_{Loch} = \varrho_{zul} \, 2 \cdot a \, (y - 2a),$$
$$x = 11,5 \text{ cm} \qquad\qquad 3,22 = 0,91 \cdot 2 \cdot 0,6 \, (y - 20,6),$$
$$y = 4,2 \text{ cm}.$$

Durch eine Stoßverbindung kann ein voller Anschluß des Stabes nicht erreicht werden, da einerseits $\varrho_{zul} < \sigma_{zul}$ ist, andererseits noch die Nahtenden abgezogen werden müssen. Dieser Abzug kann zwar vermieden werden, indem man die Naht auf einem untergelegten Stück Blech beginnt, sie auch so beendet und das überstehende Nahtstück dann nach dem Schweißen absägt. In der Regel wird man jedoch mit solchen Maßnahmen nicht rechnen können. Es muß also für eine Verlängerung der Naht gesorgt werden, z. B. durch Eckbleche.

Aufgabe 51: Ein Flachstahl 80×10 ist bei einer Zugkraft von $P = 11,2$ t stumpf anzuschließen (s. Abb. 35).

Für die Stoßnaht ist laut Tab. 12 für Zugspannungen
$$\varrho'_{zul} = 0,75 \, \sigma_{zul} = 0,75 \cdot 1,4 = 1,05 \text{ t/cm}^2,$$
für Schub
$$\varrho''_{zul} = 0,65 \cdot \sigma_{zul} = 0,65 \cdot 1,4 = 0,91 \text{ t/cm}^2.$$

Die Stirnnaht kann übertragen
$$P_S = a \cdot l \cdot \varrho'_{zul} = 1 \cdot 8 \cdot 1,05 = 8,4 \text{ t}.$$

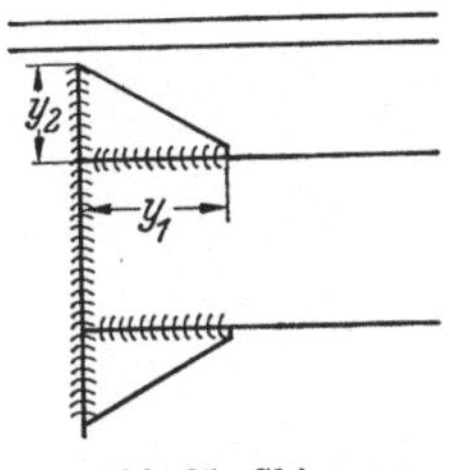
Abb. 35. Skizze zu Aufgabe 51.

Für die beiden Stoßflankennähte bleibt übrig:
$$2 \, P_{St} = P - P_S = 11,2 - 8,4 = 2,8 \text{ t}.$$

Für eine Flankennaht gilt wieder
$$P_F = a \, (y_1 - a) \cdot \varrho''_{zul}, \qquad 1,4 = 1 \cdot (y_1 - 1) \cdot 0,91, \qquad y_1 = 2,54 \text{ cm}.$$

Diese Kraft P muß weiter geleitet werden. Also:

$$P_F = a\,(y_2 - a) \cdot \varrho'_{zul}, \qquad 1,4 = 1\,(y_2 - 1)\,1,05, \qquad y_2 = 2,33\ \text{cm}.$$

Sowohl y_1 als auch y_2 müssen aus praktischen Gründen größer gewählt werden als die Rechnung besagt.

Die Berechnung einer Lasche als Hilfsmaßnahme für eine Stoßnaht würde folgendermaßen lauten:

Aufgabe 52: Ein Flachstahl 80 mm breit, $t = 10$ mm dick ist bei einer Zugkraft von 11,2 t stumpf anzuschließen. Laut Abb. 36 ist die Lasche als zusätzliche Sicherung vorgesehen. Die Lasche soll nur mit Flankennähten angeschweißt werden.

Stirnnaht
$$\begin{aligned}P_S &= \varrho'_{zul}\,a \cdot (l - 2\,a)\\ &= 1,05 \cdot 1 \cdot (8 - 2 \cdot 1) = 6,3\ \text{t}\end{aligned}$$

ϱ'_{zul} für die Stoßnaht laut Tab. 12
$$0,75 \cdot \sigma_{zul} = 0,75 \cdot 1,4 = 1,05\ \text{t/cm}^2.$$

Für die Lasche bleibt übrig

$$P_L = P - P_S = 11,2 - 6,3 = 4,9\ \text{t}.$$

Laschenbreite $b_1 = \dfrac{P_L}{t_1 \cdot \sigma_{zul}}$; wählt man die Laschendicke mit

$$t_1 = 0,6\,t = 0,6 \cdot 1 = 0,6\ \text{cm},$$

dann ist $b_1 = \dfrac{4,9}{0,6 \cdot 1,4} = 5,83\ \text{cm} \approx 6\ \text{cm}$, für die

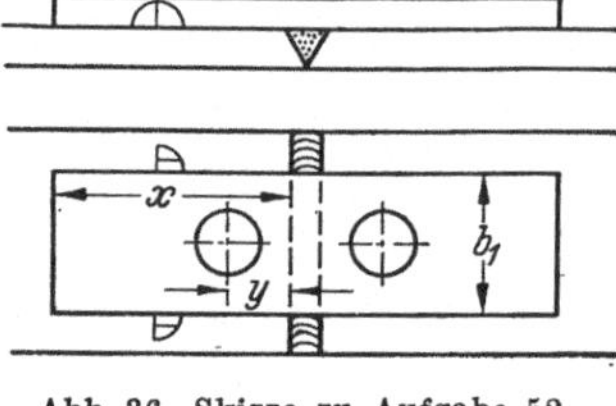

Abb. 36. Skizze zu Aufgabe 52.

Kehlnaht ist

$$\varrho''_{zul} = 0,65\,\sigma_{zul} = 0,91\ \text{t/cm}^2,$$

bei $a_1 = 0,4$ cm ist

$$P_L = \varrho''_{zul} \cdot x \cdot a \cdot 2 = 0,91 \cdot x \cdot 0,4 \cdot 2 = 4,9; \qquad x = 6,73\ \text{cm}.$$

Auch die Schrägnaht kann als eine Verstärkung der Stoßnaht aufgefaßt werden. Nach Abb. 37 wird P in T und N zerlegt. Es ist dann:

$$T = P \cos \alpha,$$
$$N = P \sin \alpha.$$

Die einzelnen Spannungen sind dann:

$$\sigma' = \frac{N}{a \cdot l'}, \qquad \text{wobei}\quad l' = \frac{l}{\sin \alpha} \quad \text{und} \quad \tau' = \frac{T}{a \cdot l'}.$$

Eingesetzt erhält man:

$$\sigma' = \frac{P \cdot \sin^2 \alpha}{a \cdot l} \qquad \text{und} \qquad \tau' = \frac{P \cdot \sin \alpha \cdot \cos \alpha}{a \cdot l}.$$

Im allgemeinen wählt man $\alpha = 45°$, dann ist $\sin \alpha = \cos \alpha = \dfrac{1}{\sqrt{2}}$,

$$\sigma'_{45} = \frac{P}{2 \cdot a \cdot l} = \tau'_{45} = \frac{P}{2 \cdot a \cdot l}.$$

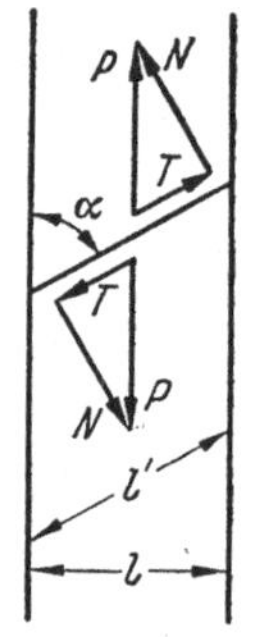

Abb. 37. Kraftverhältnisse an der Schrägnaht.

Nach DIN 4100 bildet man

$$\sigma_{res} = \sqrt{(\sigma')^2 + (\tau')^2}.$$

Das ergibt dann

$$\sigma_{res} = \frac{P}{a \cdot l} \cdot \sqrt{\sin^4 \alpha + \sin^2 \alpha \cdot \cos^2 \alpha} = \frac{P \cdot \sin \alpha}{a \cdot l}.$$

Für $\alpha = 45°$ würde sich ergeben

$$\sigma_{45\,res} = \frac{P \cdot \sqrt{2}}{2 \cdot a \cdot l} = \frac{1}{\sqrt{2}} \cdot \frac{P}{a \cdot l},$$

oder, da für die Stirnstoßnaht ($\alpha = 90°$)

$$\sigma = \frac{P}{a \cdot l}, \qquad \sigma_{45\,res} = \frac{\sigma}{\sqrt{2}}.$$

Rechnet man nach den im *Maschinenbau* üblichen Beziehungen, wobei die Poissonsche Zahl mit $m = \frac{10}{3}$ eingesetzt wird, so ergibt sich:

$$\sigma_{res} = 0,35\,\sigma + 0,65 \cdot \sqrt{\sigma^2 + 4\,\tau^2} = \frac{P \cdot \sin^2\alpha}{a \cdot l} \cdot \left[0,35 + 0,65 \cdot \sqrt{1 + 4\,\mathrm{ctg}^2\alpha}\right].$$

Man kann nun bilden

$$\varphi = \frac{\sigma_{res}}{\sigma} = \sin^2\alpha \left(0,35 + 0,65\sqrt{1 + 4\,\mathrm{ctg}^2\alpha}\right),$$

und daraus

$$\sigma_{res} = \varphi \cdot \sigma = \varphi \cdot \frac{P}{a \cdot l}.$$

φ-Werte sind aus Abb. 38 zu entnehmen. Aus dieser Abbildung erkennt man auch, daß von $\alpha = 57°$ ab mit fallendem Winkel α auch φ kleiner wird. Bei $\alpha = 45°$ beträgt $\varphi = 0,898$, während die Berechnung nach DIN 4100 für $\sigma_{45\,res} = \sigma/\sqrt{2} = 0,71\,\sigma$, also wesentlich weniger ergibt.

Aufgabe 53: Welcher Winkel α ist zu wählen, wenn der Flachstahl 80×10 mm bei einer Zugkraft von $P = 11,2$ t durch eine Schrägnaht angeschlossen werden soll?

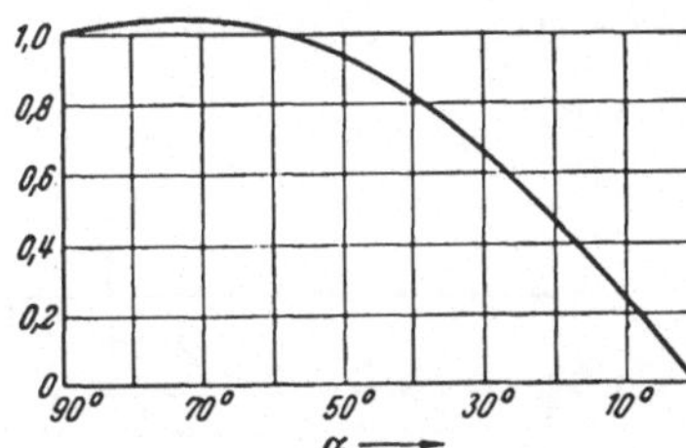

Abb. 38. Beiwerte für die Festigkeitsberechnung von Schrägnähten in Abhängigkeit vom Winkel.

Bei $\sigma_{zul} = 0,91$ t/cm² ergibt sich

$$0,91 = \frac{\varphi \cdot 11,2}{8 \cdot 1}, \qquad \varphi = 0,645.$$

Aus Abb. 38 ergibt sich dafür $\alpha \approx 30°$.

12. Stabknoten. Sind die einzelnen Stäbe an ein Knotenblech angeschlossen, so erfolgt die Berechnung so, daß die einzelnen Stabkräfte durch ihre zugehörigen Schweißnähte auf das Knotenblech übertragen werden müssen.

Aufgabe 54: Der Kopf eines Auslegers nach Abb. 39, 40 soll berechnet werden. Bei gegebenem P können H und D aus dem Kräftedreieck Abb. 41 bestimmt werden. Ohne Berücksichtigung der Abzüge für Nahtanfang und Ende ergibt sich:

$$\varrho_H = \frac{H}{a\,(l_1 + l_2)}, \qquad \varrho_D = \frac{D}{a\,(l_3 + l_4)}.$$

$\varrho_H =$ Spannung infolge H.
$\varrho_D =$ Spannung infolge D.

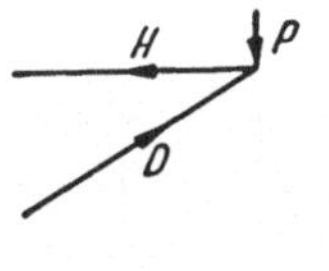

Bei mehreren Stäben an einem Knotenblech ergeben sich keine Besonderheiten. Bei geschweißten Knoten werden jedoch häufig die Stäbe unter Fortfall des Knotenblechs unmittelbar miteinander verbunden. Das geschieht auch vorzugsweise bei *geschweißten Rohrkonstruktionen*. Hier werden die Zwischenstäbe an den Ober- oder Untergurt meistens nach Art der Abb. 42 angeschweißt. Die ringsumlaufende Schweißnaht entspricht dann der Durchdringungslinie der beiden miteinander zu verschweißenden Rohre. Sie ist je nach Richtung der Stabkraft auf Zug oder Druck und auf Schub beansprucht. Ist die Kraft eines Diagonalstabes $= D$ (Abb. 41 u. 42), so kommt auf die Schweißnaht die Druckkraft P und

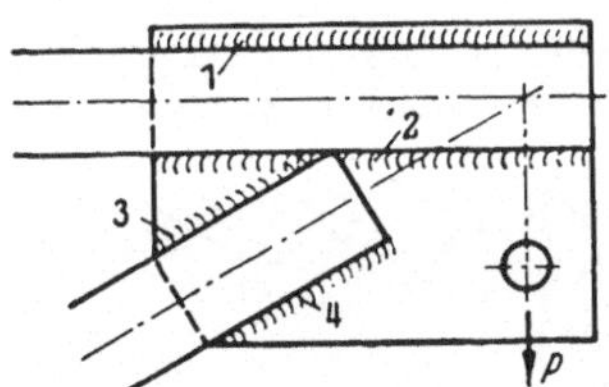

Abb. 39. Kräfte am Auslegerkopf der Abb. 40.

Abb. 40. Skizze zu Aufgabe 54.

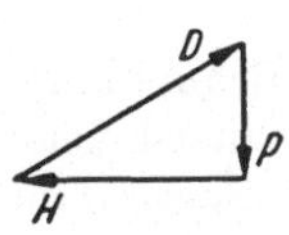

Abb. 41. Kräftedreieck zu Aufgabe 54.

die Schubkraft H. Wäre D entgegengesetzt gerichtet als hier gezeichnet, so würde P eine Zugkraft ergeben, während die Schubkraft H lediglich ihre Richtung ändern würde.

Aufgabe 55: Kraft P stützt sich auf einen Ausleger nach Abb. 42 ab. Man kann dann wiederum aus P die Kräfte D und H ermitteln. Zerlegt man dann D in die Teilkräfte D_h und D_v, so sieht man, daß $D_h = H$ und $D_v = P$ ist.

Es ist dann $\varrho_1 = \dfrac{D_h}{a \cdot l}$; $\quad \varrho_2 = \dfrac{D_v}{a \cdot l}$. Arbeitet man wieder nach der Überschlags-

formel der DIN 4100 $\varrho = \sqrt{\varrho_1^2 + \varrho_2^2}$, so ergibt sich $\varrho = \dfrac{1}{a \cdot l} \cdot \sqrt{D_h^2 + D_v^2}$ und

$\varrho = \dfrac{1}{a \cdot l} \cdot D$. Daraus kann man die allgemeine Regel ableiten: *Bei zwei zusammenlaufenden Stäben ohne Knotenblech ist für Überschlagsrechnung in der Verbindungsschweißnaht nur die größere Kraft zu berücksichtigen.* Scheinbar wird die Verbindung außer durch die Kräfte D_h und D_v noch durch die Biegungsmomente infolge H und P beansprucht. Bei einer entsprechenden Untersuchung würde sich ergeben:

$$\varrho_1' = (\mp) \frac{H \cdot b_1 \cdot 6}{a \cdot l^2} \qquad \text{und} \qquad \varrho_2' = (\pm) \frac{P \cdot b_2 \cdot 6}{a \cdot l^2}.$$

Da nach obigen Ermittlungen $H = D_h$ und $P = D_v$ ist, so ergibt sich

$$\varrho_1' = (\mp) \frac{D_h \cdot b_1 \cdot 6}{a \cdot l^2} \qquad \text{und} \qquad \varrho_2' = (\pm) \frac{D_v \cdot b_2 \cdot 6}{a \cdot l^2},$$

$$\varrho' = -\varrho_1' + \varrho_2'.$$

Laut Skizze ist

$$\frac{D_v}{D_h} = \frac{b_1}{b_2}; \qquad D_v = \frac{D_h \cdot b_1}{b_2}.$$

In obigen Beziehungen eingesetzt ergibt sich

$$\varrho_2' = (\pm) \frac{D_h \cdot b_1 \cdot b_2 \cdot 6}{b_2 \cdot a \cdot l^2} = (\pm) \frac{D_h \cdot b_1 \cdot 6}{a \cdot l^2}$$

und

$$\varrho' = -\frac{D_h \cdot b_1 \cdot 6}{a \cdot l^2} + \frac{D_h \cdot b_1 \cdot 6}{a \cdot l^2} = 0.$$

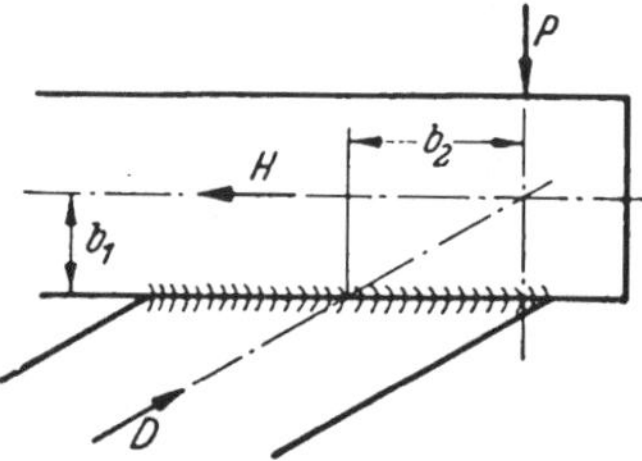

Abb. 42. Skizze zu Aufgabe 55.

Bei mehreren ohne Knotenblech zusammenlaufenden Stäben ist die Verbindung statisch unbestimmt, d. h. alle Annahmen über eine bestimmte Lastverteilung auf die Schweißnähte sind mehr oder minder willkürlich. Das spricht zunächst nicht gegen die Brauchbarkeit solcher Annahmen, da der meist verwendete Werkstoff infolge seiner elastischen Eigenschaften örtlich auftretende Spannungsspitzen zugunsten gleichmäßigerer Lastverteilung abbaut.

Um die Rechnung recht klar hervortreten zu lassen, sollen die Verhältnisse

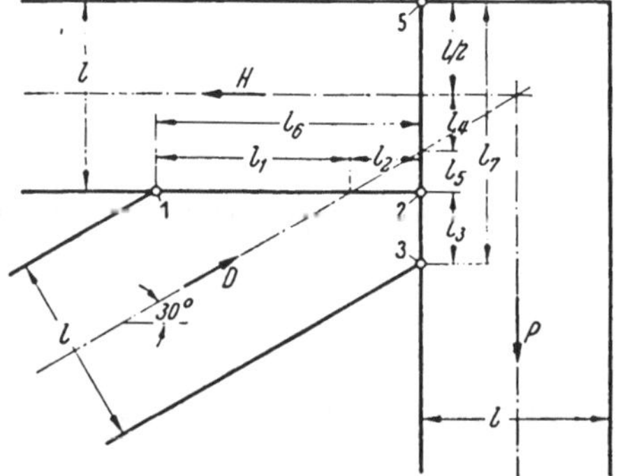

Abb. 43—47. Skizzen zu Aufgabe 56.
Abb. 43.

an einem sehr vereinfachten Zahlenbeispiel (ohne Rücksicht auf die tatsächliche Ausführung) geklärt werden.

Aufgabe 56: 3 Flachstähle 180×10 mm sind nach Abb. 43 durch Stoßnähte verbunden und beansprucht. Gegeben sei $P = 100$ kg, Nahtdicke $= 1$ cm, $\alpha = 30°$.

$$D = \frac{P}{\sin\alpha} = \frac{100}{0,5} = 200\ \text{kg}\ , \qquad\qquad H = \frac{P}{\operatorname{tg}\alpha} = \frac{100}{0,578} = 173\ \text{kg}\ ,$$

$$l_1 = \frac{l/2}{\sin\alpha} = \frac{18}{2 \cdot 0,5} = 18\ \text{cm}\ , \qquad\qquad l_5 = \frac{l}{2} - l_4 = \frac{18}{2} - 5,2 = 3,8\ \text{cm}\ ,$$

$$\cos\alpha = \frac{l/2}{l_3 + l_5}\ ; \qquad l_3 + l_5 = \frac{18/2}{0,866} = 10,4\ \text{cm}\ ,$$

$$l_2 = \frac{l_5}{\operatorname{tg}\alpha} = \frac{3,8}{0,578} = 6,6\ \text{cm}\ , \qquad\qquad l_3 = (l_3 + l_5) - l_5 = 10,4 - 3,8 = 6,6\ \text{cm}\ ,$$

$$l_4 = \frac{l}{2} \cdot \operatorname{tg}\alpha = \frac{18}{2} \cdot 0,578 = 5,2\ \text{cm}\ , \qquad\qquad l_6 = l_1 + l_2 = 18 + 6,6 = 24,6\ \text{cm}\ ,$$

$$l_7 = (l_3 + l_5) + l_4 + \frac{l}{2} = 10,4 + 5,2 + \frac{18}{2} = 24,6\ \text{cm}\ .$$

Nach diesen Ermittlungen der einzelnen Nahtlängen sind die Spannungen infolge der verschiedenen Kräfte und Momente an jedem Punkt zunächst gesondert zu errechnen.

Spannung infolge H am Punkt (*1*) (s. Abb. 44)

Normalspannung [1]:

$$\sigma_1 = - \frac{H \cdot l/2 \cdot 6}{a \cdot l_6^2} = - \frac{173 \cdot 9 \cdot 6}{1 \cdot 24,6^2} = -15,4\ \text{kg/cm}^2\ .$$

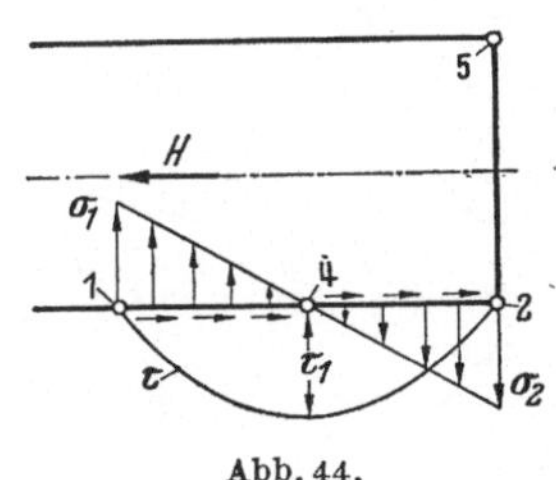

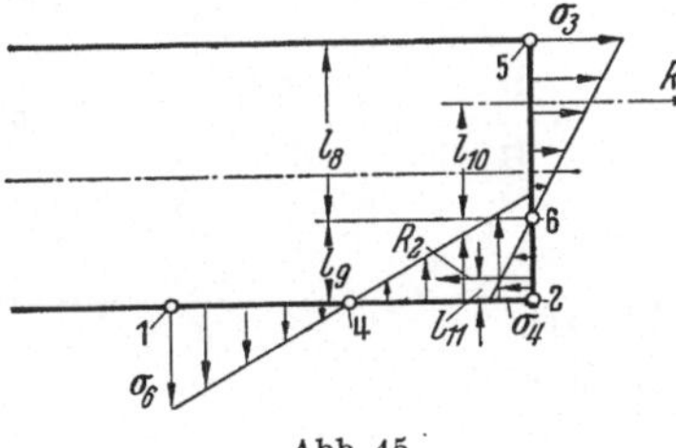

Abb. 44.   Abb. 45.

Am Punkt (*2*) ist $\sigma_2 = +15,4\ \text{kg/cm}^2$. Am Punkt (*4*) ist die Normalspannung $= 0$. Tangentialspannungen: Diese verteilen sich parabelförmig über die Länge der Schweißnaht (Rechteckquerschnitt!), so daß in (*1*) und (2) die Spannung $= 0$ ist, in (*4*) dagegen

$$\tau_1 = \frac{3}{2} \cdot \frac{H}{a \cdot l_6} = \frac{3 \cdot 173}{2 \cdot 24,6} = +10,6\ \text{kg/cm}^2\ .$$

Spannungen infolge P am Punkte (*5*) (s. Abb. 45):

$$\sigma_3 = + \frac{P \cdot l/2 \cdot 6}{a \cdot l_7^2} = \frac{100 \cdot 9 \cdot 6}{1 \cdot 24,6^2} = +8,9\ \text{kg/cm}^2\ ,$$

$$l_8 = \frac{1}{2} \cdot l_7 = \frac{24,6}{2} = 12,3\ \text{cm}\ , \qquad\qquad l_9 = l - l_8 = 18 - 12,3 = 5,7\ \text{cm}\ ,$$

$$l_{10} = \frac{2}{3} \cdot l_8 = \frac{2}{3} \cdot 12,3 = 8,2\ \text{cm}\ , \qquad\qquad l_{11} = \frac{1}{3} \cdot l_9 = \frac{1}{3} \cdot 5,7 = 1,9\ \text{cm}\ .$$

Am Punkt (*2'*) lt. Fußnote S. 25 ist

$$\sigma_4 = -\sigma_3 \cdot \frac{l_9}{l_8} = -8,9 \cdot \frac{5,7}{12,3} = -4,1\ \text{kg/cm}^2\ .$$

---

[1] Um die Normalspannungen σ von den Schubspannungen τ deutlich unterscheiden zu können, ist bei diesem Beispiel von der üblichen Bezeichnung der Spannungen bei Schweißnähten abgewichen worden. Um das Wesentliche der Berechnung klar hervortreten zu lassen, ist auch wieder der Abzug für Nahtanfang und Ende nicht berücksichtigt.

Faßt man die infolge Biegung ungleichmäßig verteilten Spannungen zu einer Resultierenden R_1 bzw. R_2 zusammen, so ergibt sich

$$R_1 = +\sigma_3 \cdot \frac{l_8 \cdot a}{2} = +\frac{8,9 \cdot 12,3 \cdot 1}{2} = +54,7 \text{ kg},$$

$$R_2 = -\sigma_4 \cdot \frac{l_9 \cdot a}{2} = -\frac{4,1 \cdot 5,7 \cdot 1}{2} = -11,7 \text{ kg}.$$

Spannungen [1] am Punkte $(2'')$ (s. Abb. 45):

$$\sigma_5 = -\frac{[R_1 \cdot (l_{10} + l_9) - R_2 \cdot l_{11}] \cdot 6}{a \cdot l_6^2} = -\frac{[54,7 \cdot (8,2 + 5,7) - 11,7 \cdot 1,9] \cdot 6}{1 \cdot 24,6^2} = -7,2 \text{ kg/cm}^2.$$

Am Punkte $(1'')$ ist sinngemäß

$$\sigma_6 = +7,2 \text{ kg/cm}^2.$$

Am Punkte $(4')$ ist

$$\tau_2 = -\frac{3}{2} \cdot \frac{R_1 - R_2}{a \cdot l_6} = \frac{-(54,7 - 11,7) \cdot 3}{2 \cdot 1 \cdot 24,6} = -2,6 \text{ kg/cm}^2.$$

Am Punkte (6) (Abb. 46) ist

$$\tau_{3\,max} = \frac{3 \cdot P}{2 \cdot a \cdot l} = \frac{3 \cdot 100}{2 \cdot 1 \cdot 24,6} = 6,1 \text{ kg/cm}^2, \quad \tau_4 = \tau_{3\,max} - \tau_5.$$

Laut Parabelgleichung und Abb. 47 ist:

$$l_8 = 2 \cdot p \cdot \tau_{3\,max}, \quad l_9^2 = 2 \cdot p \cdot \tau_5, \quad \text{also} \quad \frac{l_8^2}{l_9^2} = \frac{\tau_{3max}}{\tau_5}$$

$$\tau_5 = \tau_{3\,max} \cdot \frac{l_9^2}{l_8^2} = 6,1 \cdot \frac{5,7^2}{12,3^2} = 1,3 \text{ kg/cm}^2,$$

$$\tau_4 = \tau_{3\,max} - \tau_5 = 6,1 - 1,3 = 4,8 \text{ kg/cm}^2.$$

Die auftretende Schubkraft kann man sich als Summe der Schubspannungen vorstellen. Es sind also die Spannungen zu addieren. Da die Breite des Querschnitts gerade 1 cm ist, tritt sie rechnungsmäßig nicht besonders in Erscheinung.

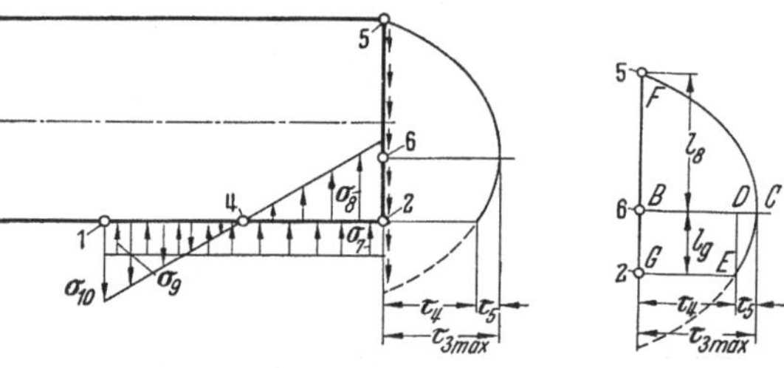

Abb. 46. Abb. 47.

Es ist:

$$\text{Fläche } DCE = \frac{2}{3} \cdot (\tau_{3\,max} - \tau_4) \cdot l_9 \cdot a = \frac{2}{3} \cdot (0,1 - 4,8) \cdot 5,7 \cdot 1 = 4,9 \text{ kg}.$$

$$\text{Fläche } BDEG = \tau_4 \cdot l_9 \cdot a = 4,8 \cdot 5,7 \cdot 1 = 27,4 \text{ kg}.$$

$$\text{Fläche } FBC = \frac{2}{3} \cdot \tau_{3\,max} \cdot l_8 \cdot a = \frac{2}{3} \cdot 6,1 \cdot 12,3 \cdot 1 = 50,0 \text{ kg}.$$

Schubkraft S ist also die Summe der Spannungsflächen $= 4,9 + 27,4 + 50 = 82,3$ kg.

Diese Schubkraft hat folgende Spannungen zur Folge (s. Abb. 46): Am Punkte $(2''')$:

$$\sigma_7 = -\frac{s}{a \cdot l_6} = \frac{-82,3}{1 \cdot 24,6} = -3,4 \text{ kg/cm}^2.$$

---

[1] Es bestehen in den Abbildungen nur die Punkte 1, 2, 3 ... Die gleichen Indizes sollen eine gewisse Parallelität der verschiedenen Spannungen bedeuten, also z. B. Spannung am Punkte 2''' ist ähnlich der Spannung bei 1'''.

Am Punkte (2^{IV})

$$\sigma_8 = \frac{-s \cdot l_8 \cdot 6}{l_6^2 \cdot a} = \frac{-82,3 \cdot 12,3 \cdot 6}{24,6^2 \cdot 1} = -10,0 \text{ kg/cm}^2 .$$

Am Punkte $(1''')$

$$\sigma_9 = -3,4 \text{ kg/cm}^2 .$$

Am Punkte (1^{IV})

$$\sigma_{10} = +10,0 \text{ kg/cm}^2 .$$

Faßt man nun die einzelnen Spannungen zusammen so ergibt sich:
Für Punkt (1) ist die Schubspannung $= 0$, die Normalspannung

$$\sigma = -\sigma_1 + \sigma_6 - \sigma_9 + \sigma_{10} = -15,4 + 7,2 - 3,4 + 10,0 = -1,6 \text{ kg/cm}^2 .$$

Für Punkt (5) ist die Schubspannung $= 0$,
die Normalspannung $\sigma = \sigma_3 = +8,9 \text{ kg/cm}^2 .$

Für Punkt (2) ist die eine Normalspannung $\sigma' = \sigma_4 = -4,1 \text{ kg/cm}^2$,

die andere $\sigma'' = +\sigma_2 - \sigma_5 + \tau_4 - \sigma_7 - \sigma_8 = +15,4 - 7,2 + 4,8 - 3,4 - 10,0$
$$= -0,4 \text{ kg/cm}^2 .$$

Die Zusammensetzung der Spannungen könnte vereinfacht erfolgen nach:

$$\sigma = \sqrt{\sigma'^2 + \sigma''^2} = \sqrt{4,1^2 + 0,4^2} = 4,1 \text{ kg/cm}^2 .$$

Für Punkt (4) ist die Normalspannung $\sigma = \sigma_7 = -3,4 \text{ kg/cm}^2$,

die Schubspannung $\tau = \tau_1 - \tau_2 = 10,6 - 2,6 = 8,0 \text{ kg/cm}^2$,

$$\sigma_{res} = \sqrt{\sigma^2 + \tau^2} = \sqrt{3,4^2 + 8,0^2} = 8,7 \text{ kg/cm}^2 .$$

Eine vereinfachte Rechnung der vorstehenden Aufgabe könnte folgendermaßen durchgeführt werden:

$$\varrho_1' = \frac{P}{a \cdot l_6} = \frac{100}{1 \cdot 24,6} = 4,1 \text{ kg/cm}^2; \quad \varrho_1'' = \frac{P \cdot l/2 \cdot 6}{a \cdot l_6^2} = \frac{100 \cdot 9 \cdot 6}{1 \cdot 24,6^2} = 8,9 \text{ kg/cm}^2,$$

$$\varrho_1 = \sqrt{\varrho_1'^2 + \varrho_1''^2} = \sqrt{4,1^2 + 8,9^2} = 9,8 \text{ kg/cm}^2 ,$$

$$\varrho_2' = \frac{H}{1 \cdot l_6} = \frac{173}{24,6} = 7,0 \text{ kg/cm}^2; \quad \varrho_2'' = \frac{H \cdot l/2 \cdot 6}{l_6^2} = \frac{173 \cdot 9 \cdot 6}{24,6^2} = 15,4 \text{ kg/cm}^2 ,$$

$$\varrho_2 = \sqrt{\varrho_2'^2 + \varrho_2''^2} = \sqrt{7,0^2 + 15,4^2} = 16,9 \text{ kg/cm}^2 .$$

13. Übertragen von Momenten. *Aufgabe 57:* Ein Träger, welcher in der Mitte eine aus V-Stoßnähten bestehende Schweißstelle besitzt, ist nach Abb. 48 belastet.

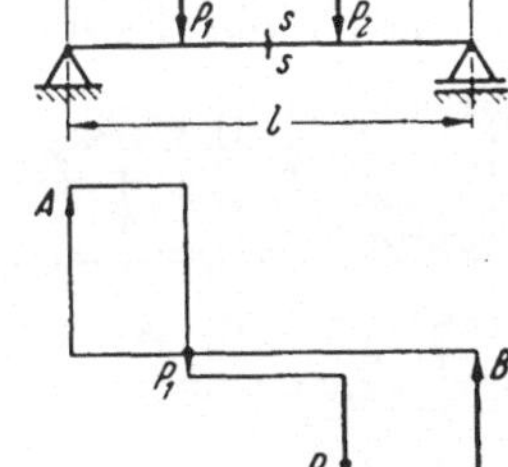

Der Nahtquerschnitt beträgt $F = 15 \text{ cm}^2$, das Widerstandsmoment $W = 214 \text{ cm}^3$. Wie groß ist die Spannung an der Schweißstelle?

$$P_1 = 5 \text{ t}; \quad P_2 = 3 \text{ t}; \quad a = 0,5 \text{ m}; \quad b = 0,7 \text{ m}; \quad c = 0,6 \text{ m} .$$

Auflagedruck

$$A = \frac{P_1 \cdot (b + c) + P_2 \cdot c}{l} = \frac{5 \cdot (0,7 + 0,6) + 3 \cdot 0,6}{1,8} = 4,61 \text{ t} ,$$

$$B = P_1 + P_2 - A = 5 + 3 - 4,61 = 3,39 \text{ t} .$$

An der Schweißstelle ist die Querkraft

$$Q = P_1 - A = 5 - 4,61 = 0,39 \text{ t} .$$

Abb. 48. Skizze zu Aufgabe 57.

Das Moment ist

$$M = A \frac{l}{2} - P_1 \cdot \left(\frac{l}{2} - a\right) = 4,61 \cdot \frac{1,8}{2} - 5 \cdot \left(\frac{1,8}{2} - 0,5\right) = 2,15 \text{ mt} ,$$

$$\varrho_1 = \frac{Q}{F} = \frac{0{,}39}{15} = 0{,}026 \text{ t/cm}^2 ; \qquad \varrho_2 = \frac{M}{W} = \frac{215}{214} = 1{,}005 \text{ t/cm}^2 ,$$

$$\varrho = \sqrt{\varrho_1^2 + \varrho_2^2} = \sqrt{0{,}026^2 + 1{,}005^2} \approx 1{,}006 \text{ t/cm}^2 .$$

Die zulässige Spannung ist demgegenüber:

$$\varrho_{zul} = 0{,}8 \cdot \sigma_{zul} = 0{,}8 \cdot 1{,}4 = 1{,}12 \text{ t/cm}^2 .$$

Aufgabe 58: Nachprüfung des Anschlusses eines Kragträgers nach Abb. 49. Im Seitenriß Abb. 50 sind die Nähte mit ihren Abmessungen eingezeichnet. Daraus ergibt sich:

$$I = 2\left(7{,}5 \cdot 0{,}8 \cdot 10{,}4^2 + 2 \cdot 0{,}8 \cdot 3{,}2 \cdot 8{,}5^2 + \frac{16{,}2^3 \cdot 0{,}5}{12}\right) = 2394 \text{ cm}^4 ,$$

$$W = \frac{2394}{10{,}8} = 221{,}7 \text{ cm}^3 .$$

Die Querkraft $Q = P$ wird bei I-, [- und ähnlichen Profilen nach DIN 4100 nur von den Stegnähten aufgenommen; durch Versuche (Spannungsmessungen) ist nachgewiesen, daß die Flanschen dieser Profile an der Schubbeanspruchung der Schweißnaht nicht beteiligt sind[1].

$$\varrho_1 = \frac{M}{W} = \frac{12 \cdot 10}{221{,}7} = 0{,}541 \text{ t/cm}^2 ; \qquad \varrho_2 = \frac{Q}{F} = \frac{12}{2 \cdot 16{,}2 \cdot 0{,}5} = 0{,}741 \text{ t/cm}^2 ,$$

$$\varrho = \sqrt{\varrho_1^2 + \varrho_2^2} = \sqrt{0{,}541^2 + 0{,}741^2} = 0{,}917 \text{ t/cm}^2 .$$

Nachprüfung der inneren Nähte. Hierzu denkt man sich das Moment in ein Kräftepaar aufgelöst.

$$H \cdot x = P(10 + 1{,}6) ,$$

$$H = \frac{12 \cdot 11{,}6}{19} = 7{,}33 \text{ t} ,$$

$$\varrho = \frac{7{,}33}{2 \cdot 0{,}8 \cdot 7{,}5} = 0{,}612 \text{ t/cm}^2 .$$

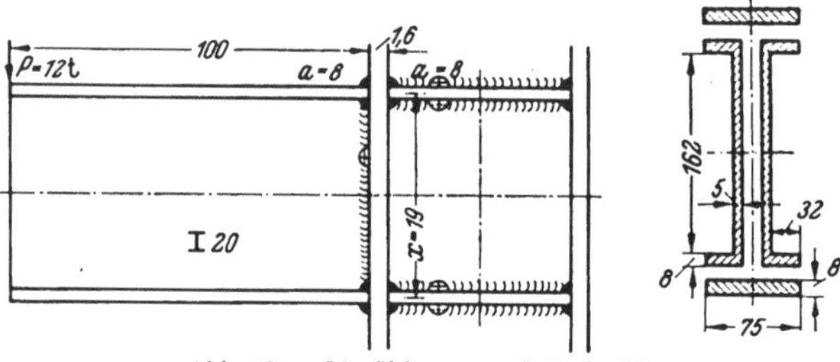

Abb. 49 u. 50. Skizzen zu Aufgabe 58.

Dieses Aufteilen der Aufgaben der einzelnen Nähte ist bei solchen Berechnungen sehr beliebt. Es gehört allerdings ein gewisses statisches Gefühl dazu. Auch läßt sich kaum für eine bestimmte Annahme der Aufteilung eine bestimmte Begründung geben, denn in Wirklichkeit sind alle derartigen Verbindungen innerlich statisch unbestimmt.

Aufgabe 59: 2 Profile [20 und [10 sind nach Skizze Abb. 51 verbunden. Es sind zu übertragen $M = 57\,500$ cmkg und $F = 6500$ kg.

Bestimmung der Nahtstärken:

Nach dem [10 ergibt sich

$$a_1 = a_2 = 0{,}7 \cdot 0{,}6 \approx 0{,}5 \text{ cm}$$

(wegen des Flanschansatzes nach oben aufgerundet),

$$a_3 = a_4 = 0{,}7 \cdot 0{,}6 \approx 0{,}4 \text{ cm} .$$

Nach dem [20 ergibt sich

$$a_1' = a_2' = 0{,}7 \cdot 0{,}85 = 0{,}595 \text{ cm} .$$

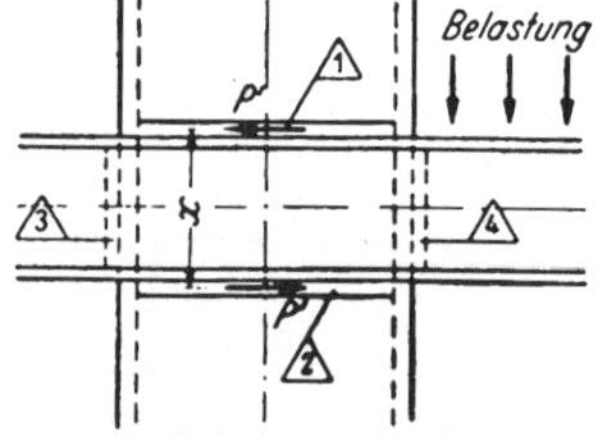

Abb. 51. Skizze zu Aufgabe 59.

---

[1] Bei überschläglichen, angenäherten Berechnungen kann man übrigens auch, abweichend von DIN 4100, einfach die Flanschen mit der Aufnahme des Momentes und die Stegnaht mit der Aufnahme der Querkraft belasten.

Da $a_1' > a_1$ wird $a_1 = a_2 = 0{,}5$ cm gewählt. $l_1 = l_2 = 20 - 2 \cdot 0{,}5 = 19{,}0$ cm; $l_3 = l_4 = 10 - 2 \cdot 0{,}4 = 9{,}2$ cm.

M wird nach Abb. 51 in ein Kräftepaar aufgelöst.

$$M = P' \cdot x; \qquad 57\,500 = P' \cdot 10{,}5; \qquad P' = 5480 \text{ kg},$$

$$\varrho_1 = \frac{P'}{a_1 \cdot l_1} = \frac{5480}{19{,}0 \cdot 0{,}5} = 578 \text{ kg/cm}^2; \qquad \varrho_2 = \frac{P}{2 \cdot a_3 \cdot l_3} = \frac{6500}{2 \cdot 0{,}4 \cdot 9{,}2} = 885 \text{ kg/cm}^2 \,.$$

Statt dieses vorstehenden, meist angewendeten Rechnungsganges kann man auch wieder eine gleichmäßige Verteilung der Spannungen annehmen. Dann faßt man die Verbindung nach Abb. 52 auf und berechnet sie auf gleichzeitiges Auftreten von Verdrehungs- und Schubspannungen:

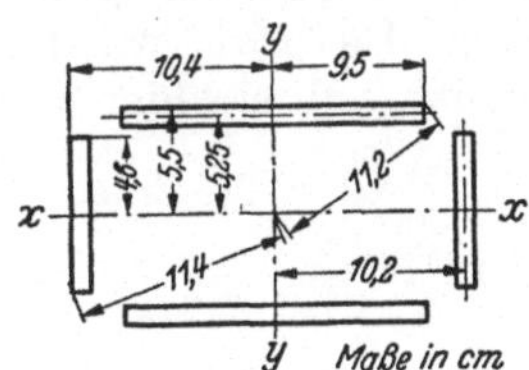

Abb. 52. Skizze zu Aufgabe 60.

Aufgabe 60:

$$I_x = 2 \left(19{,}0 \cdot 0{,}5 \cdot 5{,}25^2 + \frac{0{,}4 \cdot 9{,}2^3}{12} \right) = 576 \text{ cm}^4 \,,$$

$$I_y = 2 \left(9{,}2 \cdot 0{,}4 \cdot 10{,}2^2 + \frac{0{,}5 \cdot 19{,}0^3}{12} \right) = 1340 \text{ cm}^4 \,,$$

$$I_x + I_y = I_p = 576 + 1340 = 1916 \text{ cm}^4 \,,$$

$$\varrho_1 = \frac{57\,500 \cdot 11{,}4}{1916} = 342 \text{ kg/cm}^2 ; \qquad \varrho_2 = \frac{6500}{2 \cdot (0{,}5 \cdot 19{,}0 + 0{,}4 \cdot 9{,}2)} = 246 \text{ kg/cm}^2 \,.$$

Da jetzt ϱ_1 und ϱ_2 als Tangentialspannungen aufgefaßt werden müssen, ist

$$\varrho = \varrho_1 + \varrho_2 = 342 + 246 = 588 \text{ kg/cm}^2 \,.$$

Das Aufteilen der Beanspruchungen kann auch nach anderen Gesichtspunkten vor sich gehen. Vor allem sei hier noch auf folgendes Berechnungsverfahren hingewiesen:

Läßt man, abweichend von Abb. 51 und 52 die Schweißnaht ringsum laufen, wie sie ja in Wirklichkeit wohl stets geschweißt würde, so stellt sie einen geschlossenen rechteckigen Rahmen dar, dessen Außenmaße mit H und B, dessen Innenmaße mit h und b bezeichnet werden sollen, so daß die Schweißnähte der langen Rechteckseiten die Stärke $\dfrac{B-b}{2}$ und die der kurzen Rechteckseiten die Stärke $\dfrac{H-h}{2}$ haben. Diese letztgenannten Nähte können mit Rücksicht auf die Stegdicke des [10 nur mit 4 mm Stärke ausgeführt werden. Nach BACH, Elastizität und Festigkeit, 6. Aufl., S. 317, muß weiter die Bedingung $H : h = B : b$ erfüllt sein, dann kann man die Verdrehbeanspruchung des Rechteckrahmens nach den für den Rechteckquerschnitt gegebenen Unterlagen berechnen (vgl. Hütte II. Bd., 24. Aufl., S. 688; ähnlich auch DUBBEL I. Bd., 9. Aufl., S. 401). Man erhält die größte Verdrehbeanspruchung in der Mitte der langen Rechteckseiten, während die Ecken die Verdrehbeanspruchung Null haben: $\tau = \dfrac{\eta_2 \cdot M}{H \cdot B^2}$ und entsprechend für den

Rahmen $\varrho_1 = \tau = \eta_2 \cdot M \dfrac{B}{H B^3 - h b^3}$.

Gemäß Aufgabe 59 ist hier $b = 10$ cm; $h = 20$ cm; $H = 20{,}8$ cm; danach wird auf Grund der oben angegebenen Proportion $B = b \dfrac{H}{h} = 10{,}4$ cm, d. h. die Schweißnähte an den langen Rechteckseiten werden nur mit $0{,}2$ cm Stärke in die Rechnung eingesetzt, sonst müßten die Schweißnähte an den kurzen Rechteckseiten stärker gemacht werden, was wegen der Stegdicke des U-Profils nicht möglich ist. Praktisch wird die ganze Schweißnaht ringsum mit gleicher Stärke von 4 mm ausgeführt, enthält also der Rechnung gegenüber eine gewisse Sicherheit.

Da hier $H/B \approx 2$ ist, wird $\eta_2 = 4{,}07$ (nach Hütte, s. o.) und es ergibt sich

$$\varrho_1 = \tau = 4{,}07 \cdot 57\,500\,\frac{10{,}4}{10{,}4^3 \cdot 20{,}8 - 10^3 \cdot 20} = 715\ \text{kg/cm}^2\,.$$

Die Schubspannung, gleichmäßig über den ganzen Querschnitt, wird wie früher

$$\varrho_2 = \frac{F}{\Sigma a \cdot l} = \frac{6500}{2 \cdot 0{,}4 \cdot (20{,}8 + 10)} = 263\ \text{kg/cm}^2\,.$$

Die höchste Spannung in der Mitte[1] der langen Rechteckseiten ist dann

$$\varrho = \varrho_1 + \varrho_2 = 715 + 263 = 978\ \text{kg/cm}^2\,.$$

Aufgabe 61: Ein Biegungsträger $IP\,40$ ist gestoßen, der Stoß soll die größtmögliche Biegungsbelastung des Trägers aufnehmen können. Da dort, wo das größte Biegungsmoment ist, die Querkraft meist sehr klein ist, soll sie hier mit null angenommen werden (s. Abb. 53).

Dann ist für den Träger

$$W = 3030\ \text{cm}^3 \text{ und } \sigma_{zul} = 1{,}4\ \text{t/cm}^2\,,$$
$$\max M = W \cdot \sigma_{zul} = 3030 \cdot 1{,}4 = 4242\ \text{cmt}\,.$$

Da ein einfacher Stumpfstoß nie die vollen Trägerspannungen vollständig übertragen kann, so sind nach Abb. 53 Laschen angeordnet.

An der Stoßstelle ist das Trägheitsmoment

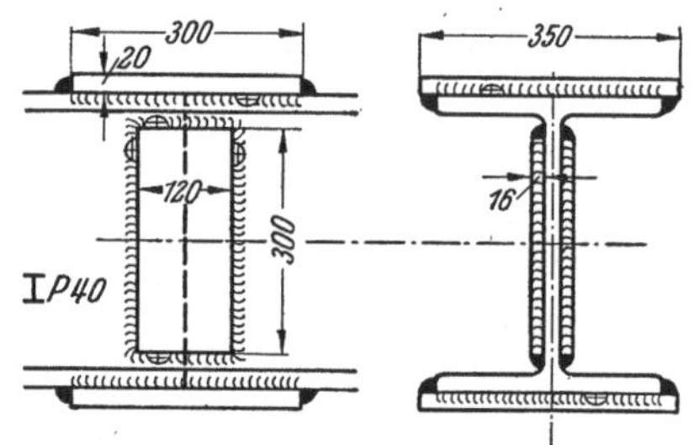

Abb. 53. Skizze zu Aufgabe 61.

$$I_{IP\,40} \cdots\cdots\cdots\cdots = 60\,640\ \text{cm}^4$$
$$I_{Flanschlaschen} = \frac{35\,(44^3 - 40^3)}{12} = 61\,786\ \text{,,}$$
$$I_{Steglaschen} = 2 \cdot \frac{1{,}6 \cdot 30^3}{12} = 7\,200\ \text{,,}$$
$$I_{gesamt} = 129\,626\ \text{cm}^4\,.$$

Das Widerstandsmoment ist

$$W = \frac{I}{22} = \frac{129\,626}{22} = 5892\ \text{cm}^3\,,$$
$$\sigma_{Sto\beta} = \frac{M}{W} = \frac{4242}{5892} = 0{,}72\ \text{t/cm}^2\,.$$

Die größte Spannung in den Stoßnähten ist oben bzw. unten an den äußersten Fasern. Also

$$\varrho_1 = \frac{\sigma \cdot 20}{22} = \frac{0{,}72 \cdot 20}{22} = 0{,}66\ \text{t/cm}^2\,.$$

Von einer Flanschlasche werden übertragen

$$P_F = F_1 \cdot \frac{\varrho_1 + \sigma}{2} = 2 \cdot 35 \cdot \frac{0{,}66 + 0{,}72}{2} = 48{,}3\ \text{t}\,.$$

Schweißquerschnitt an einer Flanschlasche (Abzug für Nahtanfang und Ende ist nicht berücksichtigt)

$$F_2 = 2 \cdot 15 \cdot 1 + 35 \cdot 1 = 65\ \text{cm}^2 \text{ (bei } a = 1\ \text{cm), also}$$
$$\varrho_2 = \frac{48{,}3}{65} = 0{,}744\ \text{t/cm}^2\,.$$

Auf die Steglaschen entfällt ein Moment, das sich zum gesamten Moment wie die zugehörigen Trägheitsmomente verhält.

$$M_S = \frac{M \cdot I_S}{I} = \frac{4242 \cdot 7200}{129\,626} = 236\ \text{cmt}\,.$$

---

[1] Zweifellos steht diese letzte Berechnungsart in einem gewissen Gegensatz zu der ersten in Aufgabe 60; auch von dem Verfahren der Aufgabe 59 weicht sie ganz ab. Es dürfte sich empfehlen, durch Versuche festzustellen, welches Berechnungsverfahren der Wirklichkeit am nächsten kommt.

Steglaschenkehlnähte nach Abb. 54, Schwerpunktabstand e und Randabstand c:

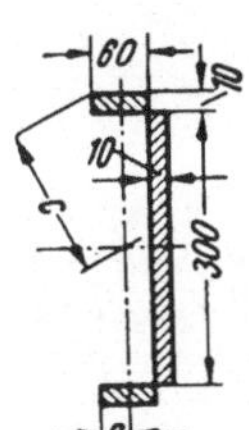

$$e = \frac{6 \cdot 1 \cdot 3 \cdot 2 + 30 \cdot 1 \cdot 6{,}5}{2 \cdot 6 \cdot 1 + 30 \cdot 1} = 5{,}5 \text{ cm}; \qquad c = \sqrt{16^2 + 5{,}5^2} = 16{,}9 \text{ cm} .$$

$$I_x = 2 \cdot 6 \, (32^3 - 30^3) \frac{1}{12} + 2 \cdot \frac{30^3}{12} = 10\,263 \text{ cm}^4 .$$

$$I_y = \left[\frac{6^3}{12} + 6 \cdot 1 \cdot (5{,}5 - 3)^2 \right] 4 + 30 \cdot 1 \cdot (6 - x + 0{,}5)^2 \cdot 2 = 282 \text{ cm}^4 ,$$

$$I_p = I_x + I_y = 10\,268 + 282 = 10\,550 \text{ cm}^4 ,$$

$$\varrho_3 = \frac{M_S \cdot c}{J_p} = \frac{236 \cdot 16{,}9}{10\,550} = 0{,}378 \text{ t/cm}^2 . \text{ (Vgl. Aufgabe 60, S. 28 u. 29.)}$$

Abb. 54. Skizze zu Aufgabe 61.

14. Biegungsträger. Biegung bei Trägern wird meist (nicht immer!) durch Querkräfte (Auflagerkräfte) hervorgerufen. Diese Querkräfte haben Schubspannungen zur Folge. Dort wo die Querkraft null ist, sind auch die Schubspannungen null. Der größten Querkraft (meist die größte Auflagerkraft) entsprechen die größten Schubspannungen. Diese Schubspannungen beanspruchen die Schweißnähte bei zusammengesetzten Biegungsträgern.

Ist ein Biegungsträger (Abb. 55), der durch Querkräfte belastet ist, bei Q gelagert, so entstehen im Querschnitt 1 und 2 infolge Biegung Normalspannungen. In jeder Querschnittshälfte kann man diese Spannungen zu einer Resultierenden zusammenfassen; dann ist:

$$Z = \int \sigma \cdot dF , \qquad \sigma : \sigma_{max} = y : e , \qquad \text{also} \qquad \sigma = \sigma_{max} \cdot \frac{y}{e} .$$

Da $M_2 > M_1$, sind auch die Spannungen im Querschnitt „2" größer als in Querschnitt „1". Oder

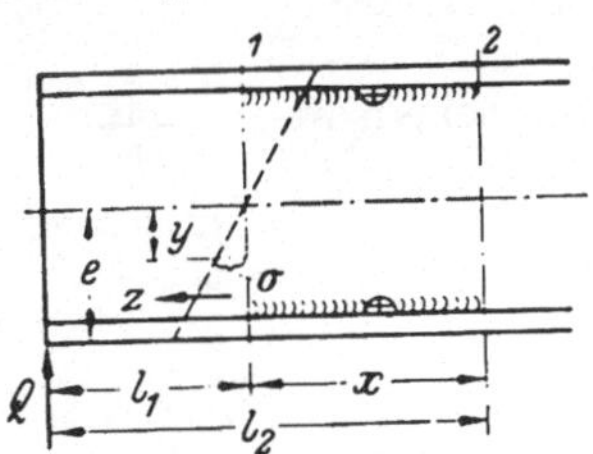

Abb. 55. Schubspannungen beim geschweißten Biegungsträger.

$$Z_2 > Z_1 \qquad \text{oder} \qquad Z_2 - Z_1 = K ,$$

$$Z_1 = \frac{\sigma_1}{e} \cdot \int y \cdot dF , \qquad Z_2 = \frac{\sigma_2}{e} \cdot \int y \cdot dF .$$

Da $\int y \cdot dF = S = $ dem statischen Moment des Querschnitts, bezogen auf die gemeinsame Schwerachse ist, so ergibt sich

$$Z_1 = \frac{\sigma_1}{e} \cdot S , \qquad Z_2 = \frac{\sigma_2}{e} \cdot S .$$

Nach der allgemeinen Biegungstheorie ist

$$\sigma = \frac{M \cdot e}{J} \qquad \text{und} \qquad M = Q \cdot l .$$

Also

$$Z_1 = \frac{Q \cdot l_1 \cdot S}{I} , \qquad Z_2 = \frac{Q \cdot l_2 \cdot S}{I} , \qquad K = Z_2 - Z_1 = \frac{Q \cdot S \cdot (l_2 - l_1)}{I} = \frac{Q \cdot S \cdot x}{I} .$$

Die Schubspannungen

$$\tau = \frac{K}{F} = \frac{K}{x \cdot s} ,$$

und daraus

$$\tau = \frac{Q \cdot S}{I \cdot s} ,$$

wobei s die Querschnittsdicke an dieser Stelle ist.

Wenn die Schubkraft durch 2 Halsnähte übertragen werden soll, so ergibt sich

$$\varrho = \frac{K}{2 \cdot a \cdot x}\;; \qquad K = 2 \cdot a \cdot x \cdot \varrho = \frac{Q \cdot S \cdot x}{I}\;.$$

Es ergibt sich dann für die *durchlaufende* Naht: $a = \dfrac{Q \cdot S}{2 \cdot \varrho \cdot I}$.

Sind die Halsnähte unterbrochen geschweißt und kommt auf den Abschnitt x die Nahtlänge l, die die Kraft K übertragen soll, so wird $x = e_1$ und $K = 2 \cdot a \cdot l \cdot \varrho = \dfrac{Q \cdot S \cdot e_1}{I}$ und daraus für die *unterbrochene* Naht:

$$e_1 = \frac{I \cdot 2 \cdot a \cdot l \cdot \varrho}{Q \cdot S}\;,$$

wobei ist:

e_1 = Entfernung von Nahtabschnittsmitte bis zur nächsten Abschnittsmitte (cm),

I = Trägheitsmoment des gesamten Querschnitts in cm^4,

a = Nahtdicke in cm,

l = Länge eines einzelnen Nahtabschnitts in cm,

ϱ = Spannung in der Naht in kg/cm^2,

Q = Querkraft an der untersuchten Stelle in kg,

S = statisches Moment des anzuschließenden Gurtteiles bezogen auf die gemeinsame Schwerachse,

„2" = kommt durch die Annahme in die Beziehung, daß zwei Halsnähte vorhanden sind. Ist also ausnahmsweise der Gurt nur mit einer Naht angeschlossen, so ist die 2 wegzulassen.

Sobald also mehrere Teile durch Schweißen verbunden und auf Biegung beansprucht sind, sind die Schweißnähte auf diese Schubspannungen nachzuprüfen. Dabei ist zu beachten, daß bei kurzen Trägern die Schubspannungen eine große, bei langen Trägern eine kleine Rolle spielen.

Aufgabe 62: Berechnung der Nahtdicke der Halsnähte bei einem Träger nach Abb. 56 und einer Belastung $Q = 161$ t.

$$I = \frac{1}{12}\,(50 \cdot 130^3 - 48 \cdot 120^3) = 2\,250\,000\;cm^4\,,$$

$$S = 5 \cdot 50 \cdot 62,5 = 15\,625\;cm^3\,,$$

$$a = \frac{Q \cdot S}{2 \cdot \varrho_{zul} \cdot I} = \frac{161 \cdot 15\,625}{2 \cdot 0,91 \cdot 2\,250\,000} = 0,62\;cm\,.$$

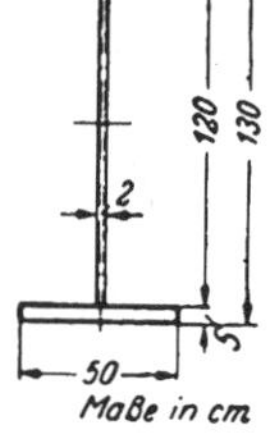

Abb. 56. Skizze zu Aufgabe 62.

Aufgabe 63: Die Berechnung der Tragfähigkeit dieses Profils bei gleichmäßig verteilter Last und Auflagelänge von 400 cm, sowie die Bestimmung der Nahtdicke unter diesen Verhältnissen lautet wie folgt:

Träger auf Biegung:

$$\sigma_{zul} = \frac{P \cdot l}{8 \cdot W}\,, \qquad W = \frac{I}{e} = \frac{2\,250\,000}{130/2} = 34\,700\;cm^3\,,$$

$$1,4 = \frac{P \cdot 400}{8 \cdot 34\,700}\,; \qquad P = 970\;t\,.$$

Der Steg auf Schub

$$\tau_{zul} = \frac{3}{2} \cdot \frac{Q}{F}\,, \qquad 1,12 = \frac{3}{2} \cdot \frac{Q}{2 \cdot 120}\,; \qquad Q = 179\;t\,.$$

Da $P_{zul} = 2\,Q$ ist, ergibt sich

$$P_{zul} = 2 \cdot 179 = 358\;t$$

und die Nahtdicke

$$a = \frac{Q \cdot S}{2 \cdot \varrho_{zul} \cdot I} = \frac{179 \cdot 15\,625}{2 \cdot 0,91 \cdot 2\,250\,000} = 0,69\;cm\,.$$

Aufgabe 64: 2 U-Profile [20 sind nach Abb. 57 verschweißt und durch eine Einzellast $P = 14$ t in der Mitte um die x-Achse biegend belastet. Länge des Trägers 1,2 m. Welche Nahtdicke ist notwendig?

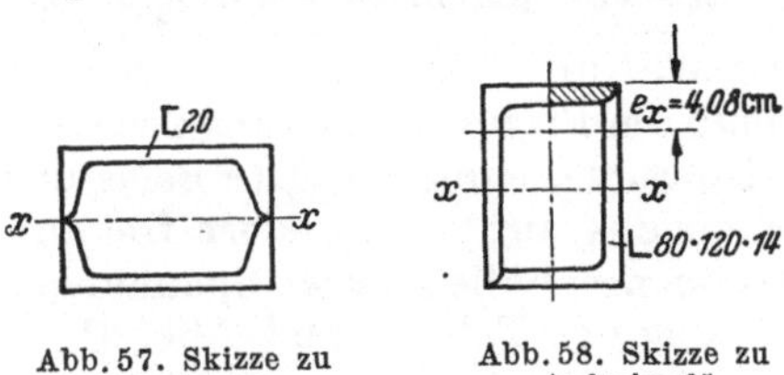

Abb. 57. Skizze zu Aufgabe 64.

Abb. 58. Skizze zu Aufgabe 65.

$$I = 2\,(148 + 32,2 \cdot 5,5^2) = 2244 \text{ cm}^4,$$

$$\text{Nahtdicke:}\ W = \frac{2247}{7,5} = 299 \text{ cm}^3;$$

$$S = 32,2 \cdot 5,5 = 177 \text{ cm}^3.$$

$$a = \frac{Q \cdot S}{\varrho_{zul} \cdot 2 \cdot I} = \frac{7 \cdot 177}{0,91 \cdot 2 \cdot 2244} = 0,305 \text{ cm}.$$

Aufgabe 65: 2 Profile ∟ 80 · 120 · 14 sind nach Abb. 58 verschweißt und durch eine Einzellast $P = 5,5$ t in der Mitte um die x-Achse biegend belastet. Länge der Träger 1,5 m. Welche Nahtdicke ist notwendig?

$$I = 2\,(368 + 26,2 \cdot 2^2) = 946 \text{ cm}^4.$$

Es kann angenommen werden, daß nur der schraffierte Teil des Querschnitts an den „Steg" durch die Schweißung angeschlossen zu werden braucht. Also

$$S = 4 \cdot 1,4\,(6 - 0,7) = 29,7 \text{ cm}^3,$$

$$a = \frac{1/2\,Q \cdot S}{\varrho_{zul} \cdot I} = \frac{2,75 \cdot 29,7}{2 \cdot 0,910 \cdot 946} = 0,0473 \text{ cm}.$$

Nebenbemerkung: Da hier nur eine Naht die Schubkräfte überträgt, so ist die „2" in der Grundformel weggelassen.

Dieser Wert ist zu klein, man könnte eine unterbrochene Naht anwenden.

Aufgabe 66: Eine Blechwand von 2 m Länge ist nach Abb. 59 versteift und auf den Rändern aufliegend mit 19 t gleichmäßig verteilt belastet. Die Dicke der Kehlnähte für die Versteifungen ist zu ermitteln.

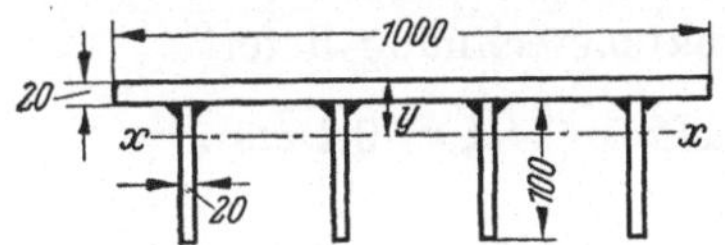

Abb. 59. Skizze zu Aufgabe 66.

Berechnung der Schwerlage des Querschnitts:

$$y = \frac{100 \cdot 2 \cdot 1 + 4 \cdot 2 \cdot 10 \cdot 7}{100 \cdot 2 + 4 \cdot 2 \cdot 10} = 2,71 \text{ cm}.$$

Berechnung des Trägheitsmomentes des Querschnitts:

$$I = \frac{100 \cdot 2^3}{12} + 100 \cdot 2 \cdot 1,71^2 + \frac{4 \cdot 2 \cdot 10^3}{12} + 4 \cdot 2 \cdot 10 \cdot 4,29^2 = 2791 \text{ cm}^4,$$

$$W = \frac{I}{e} = \frac{2791}{9,29} = 301 \text{ cm}^3;\qquad \sigma = \frac{M}{W} = \frac{19 \cdot 200}{8 \cdot 301} = 1,578 \text{ t/cm}^2.$$

Denkt man sich die Platte in 4 Streifen aufgeteilt, so kommt auf jeden Streifen an Belastung

$$\frac{19}{4} = 4,75 \text{ t};\qquad Q = \frac{4,75}{2} = 2,38 \text{ t}.$$

Das statische Moment ist:

$$S = 2 \cdot 25 \cdot 1,71 = 85,5 \text{ cm}^3$$

und es ergibt sich für die Nahtdicke

$$a = \frac{Q \cdot S}{\varrho_{zul} \cdot 2 \cdot I_1} = \frac{2,38 \cdot 85,5}{0,91 \cdot 2 \cdot \frac{1}{4} \cdot 2791} = 0,16 \text{ cm}.$$

Man würde dickere, unterbrochene Nähte anwenden.

Aufgabe 67: Ein durch Profile ∟ 18 kreuzweise versteifter quadratischer Deckel von 2,5 m Seitenlänge, 18 mm stark, ist für einen Druck von 3 kg/cm² zu untersuchen (Abb. 60 ··· 63). Der ungünstigste Belastungsfall — der Deckel liege an den Rändern frei auf — wird angenommen. Die gefährdeten Zonen liegen in der Mitte. Zur vereinfachten Berechnung denkt man sich zwei sich kreuzende Streifen von je $\dfrac{250}{4} = 62,5$ cm Breite herausgetrennt und läßt von jedem Streifen $p_1 = \frac{1}{2} p = \frac{3}{2} = 1,5$ kg/cm² übertragen. Die Gesamtbelastung für einen Streifen ist $P_1 = 1,5 \cdot 250 \cdot 62,5 = 23\,438$ kg. Das Blech muß die Biegungsbelastung zwischen den Versteifungen aufnehmen. Nimmt man wiederum die ungünstigste Belastung — quadratische Teilplatte von 625 mm Seitenlänge — auf den Rändern frei auf-liegend — an, so errechnen sich die größten Spannungen wie folgt unter Benutzung der Tab. 13 und Abb. 61:

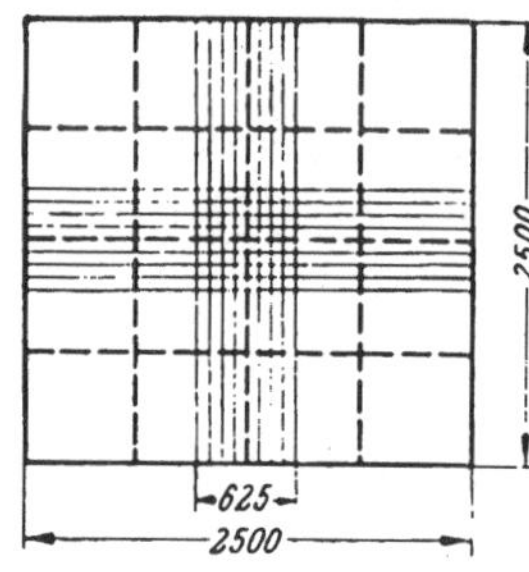
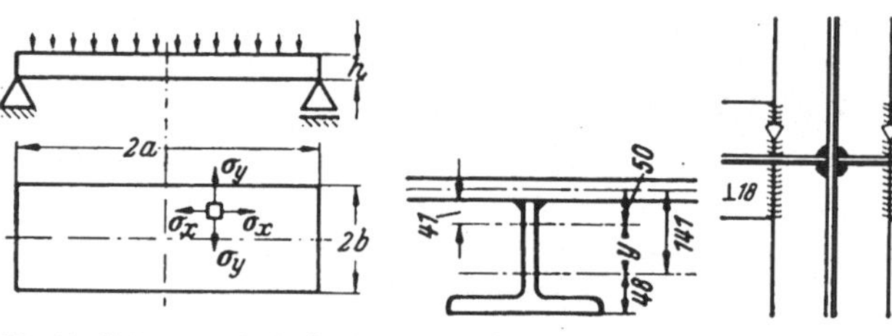

Abb. 60. Skizze zu Aufgabe 67.   Abb. 61. Skizze zu Aufgabe 67. (s. Tab. 13)   Abb. 62. Skizze zu Aufgabe 67.   Abb. 63. Skizze zu Aufgabe 67.

Da hier $a/b = 1$, ist

$$\sigma_x = \sigma_y = \frac{0,29\,p\,b^2}{h^2} = \frac{0,29 \cdot 3,0 \cdot 62,5^2}{1,8^2} = \pm 1049 \text{ kg/cm}^2 .$$

Tabelle 13. Größte Spannungen in Plattenmitte einer Platte mit gleichmäßig verteilter Last (s. Abb. 61).

Seitenverhältnis a/b	σ_x	σ_y
1	$0,29\,\dfrac{p\,b^2}{h^2}$	$0,29\,\dfrac{p\,b^2}{h^2}$
1,53	0,29 ,,	0,50 ,,
2,04	0,28 ,,	0,62 ,,
2,55	0,25 ,,	0,68 ,,
3,06	0,24 ,,	0,71 ,,
3,82	0,23 ,,	0,74 ,,
∞	0,23 ,,	0,75 ,,

Der belastete Teilquerschnitt eines Streifens ist aus Abb. 62 zu erkennen ($\perp 18 = 61,7$ cm²):

$$F = 1,8 \cdot 62,5 + 61,7 = 174 \text{ cm}^2 .$$

Die Schwerpunktsberechnung liefert

$$y = \frac{1}{174} \cdot 112,5 \cdot 14,1 = 9,1 \text{ cm} .$$

Dann ergibt sich

$$I = 112,5 \cdot 5^2 + 61,7 \cdot 9,1^2 + 1720 = 9642 \text{ cm}^4 .$$

Das größte Moment ist

$$M = \frac{P_1\,l}{8} = \frac{23,4 \cdot 250}{8} = 731 \text{ tcm} .$$

Dann ist die größte Spannung

$$\sigma_1 = \frac{731 \cdot 13,9}{9642} = 1054 \text{ kg/cm}^2 < \sigma_{zul} = 1600 \text{ kg/cm}^2 ,$$

$$\sigma_2 = -\frac{731 \cdot 5,9}{9642} = -447 \text{ kg/cm}^2 .$$

Die resultierende Druckspannung in der Blechmitte ist

$$\sigma_{res} = \sigma_x + \sigma_2 = -1049 - 447 = -1496 \text{ kg/cm}^2 < \sigma_{zul} = -1600 \text{ kg/cm}^2 .$$

Die Zugspannung in den Schweißnähten der Flansche der $\perp 18$ sind

$$\varrho = \sigma_1 = 1054 \text{ kg/cm}^2; \quad \varrho_{zul} = 0,75 \cdot \sigma_{zul} = 0,75 \cdot 1600 = 1200 \text{ kg/cm}^2 .$$

Die senkrechten Kehlnähte zum Anschluß des Steges übernehmen die Schubkräfte, da die Biegungsspannungen vernachlässigt werden können. Rechnet man wieder so ungünstig wie möglich, so müssen diese Kehlnähte die größtmögliche Querkraft übertragen. $Q = 3 \cdot 62,5^2 \cdot \frac{1}{2} = 5860$ kg für zwei Kehlnähte.

Bei einer Nahtdicke von 0,5 cm und einer Länge von 16,3 cm ergibt sich

$$\varrho = \frac{5860}{2 \cdot 0,5 \cdot 16,3} = 360 \text{ kg/cm}^2 \,,$$

was weit unter der zulässigen Spannung

$$\varrho_{zul} = 0,65 \cdot \sigma_{zul} = 0,65 \cdot 1600 = 1040 \text{ kg/cm}^2$$

liegt.

Für die Halsnähte zwischen $\perp 18$ und dem Blech werden durchlaufende Nähte mit einer Dicke von $a = 0,5$ cm angenommen.

$$Q = \tfrac{1}{2}\, P_1 = 11,7 \text{ t} \,, \qquad S = 112,5 \cdot 5 = 563 \text{ cm}^3 \,, \qquad I = 9642 \text{ cm}^4 \,,$$

$$\varrho = \frac{Q \cdot S}{I \cdot 2 \cdot a} = \frac{11\,700 \cdot 563}{9642 \cdot 2 \cdot 0,5} = 683 < \varrho_{zul} = 1040 \text{ kg/cm}^2 \,.$$

15. Stützen. Die Berechnung eines Stützenfußes zeigt Aufgabe 68 (Abb. 64 bis 66).

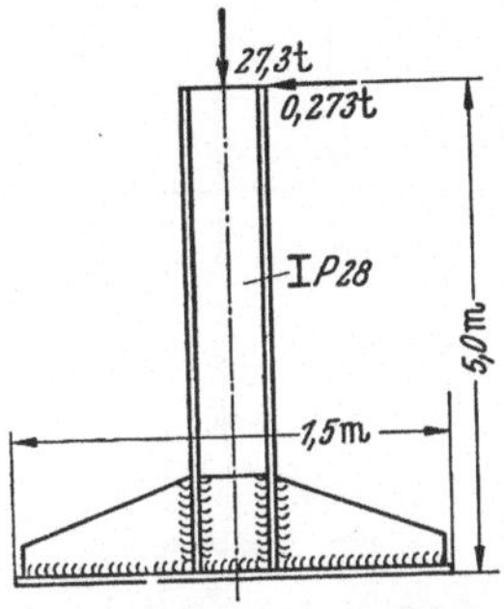

Aufgabe 68: Die Spannung an der Fußplatte ist:

$$\sigma_1 = \frac{27\,300}{150 \cdot 30} = 6,1 \text{ kg/cm}^2 \,,$$

$$M_b = 273 \cdot 500 = 136\,500 \text{ cmkg} \,,$$

$$W = \frac{30 \cdot 150^2}{6} = 112\,500 \text{ cm}^3 \,,$$

$$\sigma_b = \frac{136\,500}{112\,500} = 1,2 \text{ kg/cm}^2 \,,$$

$$\sigma_2 = 6,1 + 1,2 = 7,3 \text{ kg/cm}^2 \,;$$

$$\sigma_1 = 6,1 - 1,2 = 4,9 \text{ kg/cm}^2 \,.$$

Das Biegungsmoment im Querschnitt $A{-}B$ ist

$$M = R_1 \frac{61}{2} + R_2 \frac{2 \cdot 61}{3} \,.$$

Dabei ist

$$R_1 = 30 \cdot 61 \cdot 6,1 = 11\,200 \text{ kg} \,;$$

$$R_2 = \frac{30 \cdot 61 \cdot 1,2}{2} = 1100 \text{ kg} \,,$$

$$M = 11\,200 \cdot \frac{61}{2} + 1100 \cdot \frac{2 \cdot 61}{3} = 386\,600 \text{ cmkg} \,.$$

Das Trägheitsmoment des Querschnitts $A{-}B$ ist:

$$F_{ges} = 2 \cdot 30 \cdot 1,5 + 2 \cdot 30 = 150 \text{ cm}^2 \,;$$

$$y = \frac{60 \cdot 16}{150} = 6,4 \text{ cm (Abb. 66)} \,,$$

$$I_x = 2 \cdot \left(1,5 \cdot \frac{30^3}{12} + 45 \cdot 6,4^2\right) + \frac{30 \cdot 2^3}{12}$$
$$+ 60 \cdot 9,6^2 = 15\,986 \text{ cm}^4 \,.$$

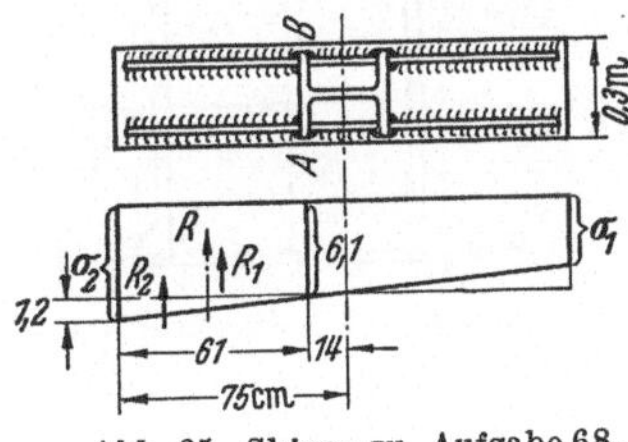

Abb. 64. Skizze zu Aufgabe 68.

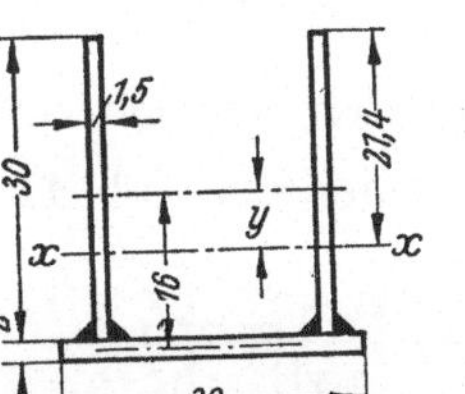

Abb. 65. Skizze zu Aufgabe 68.

Abb. 66. Skizze zu
Aufgabe 68. Querschnitt a—b.

Größte Biegungsspannung im Schnitt $A{-}B$:

$$\delta_b = \frac{386\,600 \cdot 21,4}{15\,986} = 518 \text{ kg/cm}^2 \,.$$

Die Schubspannung wird nur von den Schweißnähten aufgenommen:

$$R = R_1 + R_2 = 12\,300 \text{ kg} \,, \qquad \varrho_1 = \frac{12\,300}{4 \cdot 0,75 \cdot 30} = 137 \text{ kg/cm}^2 \,,$$

$$\varrho = \sqrt{518^2 + 137^2} = 536 \text{ kg/cm}^2 < \varrho_{zul} = 910 \text{ kg/cm}^2 \,.$$

Der Anschluß der Fußplatte bei einer Nahtdicke von 0,4 cm:

Druckbelastung: $\varrho_d = \dfrac{12\,300}{4 \cdot 0,4 \cdot 61} = 126 \text{ kg/cm}^2$.

Schubspannung: $\varrho_s = \dfrac{Q \cdot S}{I \cdot 2 \cdot 2 \cdot a}$,

$$= \frac{12\,300 \cdot 576}{15\,986 \cdot 4 \cdot 0,4} = 277 \text{ kg/cm}^2 ,$$

$Q = R = 12\,300 \text{ kg}$,

$S = 60 \cdot 9,6 = 576 \text{ cm}^3$,

$I_x = 15\,986 \text{ cm}^4$,

$$\varrho_{res} = \sqrt{126^2 + 277^2} = 304 \text{ kg/cm}^2 ; \qquad \varrho_{zul} = 910 \text{ kg/cm}^2 .$$

Aufgabe 69: Eine geschweißte Stütze nach Abb. 67, 68 soll nachgeprüft werden. Belastung $P = 65$ t. Gesamte Knicklänge $L = s_k = 500$ cm. Querschnitt nach Abb. 67. Es sind 4 Bindeblechpaare vorhanden, so daß eine Teillänge von 100 cm entsteht. Die Rechnung wird in Anlehnung an DIN 1050 durchgeführt. Der Querschnitt ist $F = 2 \cdot 32,2 = 64,4 \text{ cm}^2$.

$I_x = 2 \cdot 1910 = 3820 \text{ cm}^4$;

$I_y = 2\,(148 + 32,2 \cdot 10^2) = 6736 \text{ cm}^4$,

$i_x = \sqrt{\dfrac{I_x}{F}} = \sqrt{\dfrac{3820}{64,4}} = 7,7 \text{ cm}$,

$\lambda_x \dfrac{s_k}{i_x} = \dfrac{500}{7,7} = 65$; $\qquad \omega_x = 1,32$ (DIN 1050, Tafel 5),

$\sigma_{\omega x} = \dfrac{\omega_x \cdot P}{F} = \dfrac{1,32 \cdot 65}{64,4} = 1,332 \text{ t/cm}^2 < \sigma_{zul} = 1,4 \text{ t/cm}^2$,

$i_y = \sqrt{\dfrac{I_y}{F}} = \sqrt{\dfrac{6736}{64,4}} = 10,2 \text{ cm}$,

$\lambda_y = \dfrac{s_k}{i_y} = \dfrac{500}{10,2} = 49$; $\qquad \omega_y = 1,16$.

Für den Einzelstab ist ($i_y = i_1$ gesetzt)

$i_1 = 2,14 \text{ cm}$, $\qquad \lambda_1 = \dfrac{100}{2,14} = 46,8$,

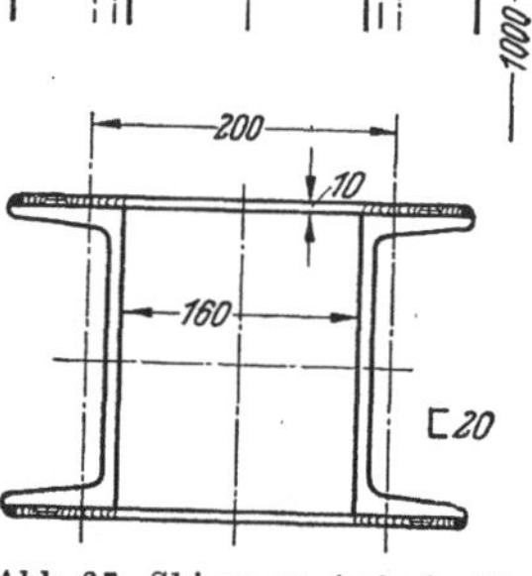

Abb. 67. Skizze zu Aufgabe 69.

$\lambda_{yi} = \sqrt{\lambda_y^2 + \lambda_1^2} = \sqrt{49^2 + 46,8^2} = 67,8$; $\qquad \omega_{yi} = 1,36$,

$\sigma_{\omega yi} = \dfrac{\omega_{yi} \cdot P}{F} = \dfrac{1,36 \cdot 65}{64,4} = 1,373 \text{ t/cm}^2 < \sigma_{zul} = 1,4 \text{ t/cm}^2$.

Berechnung der Bindebleche. Die Bindebleche werden durch eine Querkraft beansprucht, die nach DIN 1050 von $\dfrac{F \cdot \sigma_{zul}}{\omega_y}$ und λ_y abhängt und aus Tab. 14 zu entnehmen ist.

Tabelle 14. Größe der Querkraft in % von $\dfrac{F \cdot \sigma_{zul}}{\omega}$ zur Berechnung der Bindebleche.

bei λ bis	40	80	120	150	200	250
für St 00.12; Hbst und St 37.12 . .	1	2	4	6	10	14
für St 52	1	3	6	9	14	19

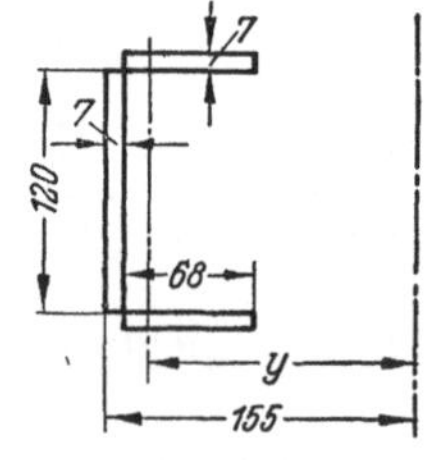

Abb. 68. Skizze zu Aufgabe 69.

Für $\lambda_y = 49$ ist

$$Q = \frac{\left(1 + \dfrac{49 - 40}{40}\right) 64,4 \cdot 1,4}{100 \cdot 1,16} = 0,953 \text{ t} , \qquad T = \frac{Q \cdot l}{h} = \frac{0,953 \cdot 100}{20} = 4,78 \text{ t} ;$$

für jedes Bindeblech

$$T_1 = \frac{1}{2}\,T = \frac{4{,}78}{2} = 2{,}39\ \text{t}\ .$$

Berechnung der Lage der Schwerachse (Abb. 68):

$$y = \frac{2 \cdot 6{,}8 \cdot 0{,}7 \cdot 11{,}4 + 12 \cdot 0{,}7 \cdot 15{,}1}{2 \cdot 6{,}8 \cdot 0{,}7 + 12 \cdot 0{,}7} = 13{,}1\ \text{cm}\ ,$$

$$M = T_1 \cdot y = 2{,}39 \cdot 13{,}1 = 31{,}6\ \text{tcm}\ ,$$

$$H \cdot 12{,}7 = M\ ; \qquad\qquad H = \frac{31{,}6}{12{,}7} = 2{,}47\ \text{t}\ ,$$

$$\varrho_1 = \frac{2{,}47}{6{,}8 \cdot 0{,}7} = 0{,}519\ \text{t/cm}^2\ , \qquad \varrho_2 = \frac{2{,}47}{17{,}92} = 0{,}138\ \text{t/cm}^2\ ,$$

$$\varrho = \sqrt{\varrho_1^2 + \varrho_2^2} = \sqrt{0{,}519^2 + 0{,}138^2} = 0{,}537\ \text{t/cm}^2\ .$$

IV. Festigkeitsberechnungen bei veränderlichen Kräften.

16. Allgemeines. Hier handelt es sich darum, Berechnungsmethoden zu finden, mit deren Hilfe die Untersuchung von geschweißten Teilen, die wechselnden Beanspruchungen unterworfen sind, möglich ist. Da die Erfahrung gezeigt hat, daß *einzelne* schlagartig auftretende Beanspruchungen denen durch ruhende Kräfte ähneln, sollen in den folgenden Kapiteln nur die Beanspruchungen behandelt werden, die über einen gewissen Zeitraum hinweg sich mehr oder minder gleichmäßig verändern (Schwingungsbeanspruchung). Es können dann an einer bestimmten Zone des Werkstückes entweder ungleichartige Spannungen (also z. B. Zug- und Druckspannungen) oder gleichartige aber natürlich verschieden große Spannungen auftreten. Als Grenze ist der Fall zu betrachten, bei dem die eine Spannung gleich null ist, die andere Spannung einen bestimmten Wert hat. Abb. 69 $\cdots$ 73 zeigen die verschiedenen Möglichkeiten beim Hin- und Herbiegen eines Stabes. Man erkennt an der Abb. 73, daß solche Belastungsfälle auch den Übergang zu der Belastung infolge ruhender Kräfte darstellen. Neben den Belastungsschaubildern sind die Spannungsschaubilder gezeichnet, welche die Veränderungen der Spannungen im Zeitverlauf darstellen.

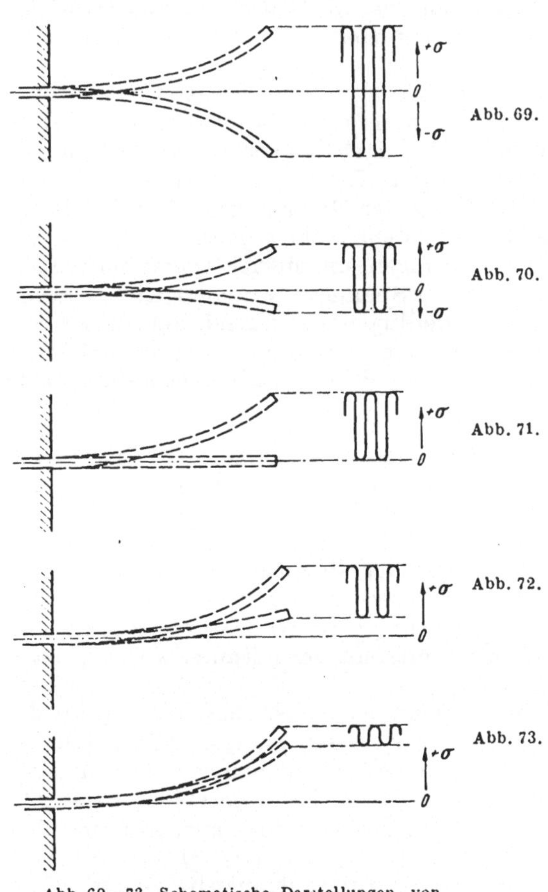

Abb. 69—73. Schematische Darstellungen von Schwingungsbeanspruchungen.

Die Erfahrung hat nun gezeigt, daß Werkteile beim Vorliegen solch dynamischer Beanspruchungen bei wesentlich niedrigeren Belastungen zu Bruch gehen, als bei ruhender. Diese Tatsache hängt mit dem inneren Aufbau der Werkstoffe zusammen. Die metallischen Werkstoffe bestehen aus einzelnen Kristallen. Wird ein Teil verformt, so geht diese Verformung nicht etwa so vor sich, daß die einzelnen Kristalle sich aneinander bewegen, als ob Gelenke vorhanden wären. Der Verformungsvorgang ist vielmehr so, daß sich von den regellos liegenden Kristallen einige, die sich gerade zufällig in bestimmten Lagen und an bestimmten besonders stark beanspruchten Stellen des Werkstückes befinden, in Richtung bestimmter „Gleitlinien" abschieben. Von diesen Gleitlinien geht infolge des wiederholten Auftretens von Spannungen eine örtliche Zerstörung des Werkstoffes aus („Kohäsionszerrüttung"). Dadurch fallen die zuerst von den Gleitlinien betroffenen Kristalle für die Kraftübertragung aus und es werden nunmehr andere Kristalle stärker zum Tragen herangezogen. So bilden diese dann wieder „Gleitebenen", es tritt auch wieder Kohäsionszerrüttung auf und der Bruch pflanzt sich über den ganzen Querschnitt fort. Ist die Zerrüttung schon weit fortgeschritten, so kann bei einer kleinen zufälligen Überlastung der endgültige Bruch plötzlich eintreten. Man kann bei fast jedem „Dauerbruch" also 2 Zonen unterscheiden, die eigentliche Dauerbruchzone und die Restbruchzone. Die Dauerbruchzone ist infolge des dauernden aufeinander stattfindenden Abreibens meist glatt, die Restbruchzone ist körnig, kristallin.

Die Frage, wann die ersten Kohäsionszerrüttungen, die als erste Ursache eines Dauerbruchs anzusehen sind, eintreten, ist nicht einfach zu beantworten. Der erste und wichtigste Grund für diese Erscheinung sind nach den vorherigen Darlegungen die örtlich tatsächlich auftretenden Spannungen. Die wegen einfacher Rechnung häufig angenommene gleichmäßige Verteilung der Spannungen über den beanspruchten Querschnitt ist in Wirklichkeit meistens nicht gegeben. Vom Gießen, Walzen oder Schmieden herrührende Spannungen, ungünstige Querschnittsübergänge und Narben können das wahre Bild der Spannungsverteilungen wesentlich ändern. Daraus ergibt sich auch, daß eine allerdings naheliegende allgemeine Verminderung der *zulässigen* Spannungen nicht immer zum gewünschten Erfolg zu führen braucht, weil trotzdem, eben wegen örtlicher Spannungshäufung, eine Kohäsionszerrüttung eintreten kann.

17. Berechnungsmethode mit verminderten zulässigen Spannungen. Wenn auch diese Methode, wie am Schluß des vorhergehenden Abschnittes erwähnt, nur unvollkommen ist, so ist sie dennoch nicht zu entbehren. Sie stellt das einfachste, primitivste Verfahren dar. Es besteht darin, bei dynamischer Belastung die zulässigen Spannungen gegenüber den bei ruhender Belastung gegebenen Werten herabzumindern. Der große Vorteil des Verfahrens ist die große Einfachheit, der große *Nachteil* ist jedoch die meistenteils sehr große Werkstoffverschwendung gegenüber dem notwendigen Maß in Verbindung mit der mitunter *ungenügenden Sicherheit* gegenüber vorzeitigem Bruch.

Bei Abschätzung der zulässigen Spannungen ist es naheliegend, sich an die alten *Bachschen Tabellenwerte* zu halten. Aus diesen ist ersichtlich, daß bei schwellender Belastung (s. Abb. 71···73) die zulässigen Spannungen nur 67% der Spannungen bei ruhender Belastung betragen sollen, bei wechselnder Belastung (s. Abb. 69, 70) nur 33%. Geht man also von diesen Zahlen aus, so kann man wieder unter Vorschaltung der entsprechenden Abminderungsfaktoren die Tabelle 12, (S. 18) die zunächst nur für ruhende Belastung gilt, auch für veränderliche Lasten benützen.

Aufgabe 70. Befestigung einer Scheibenkuppelung für $N = 20$ PS; $n = 350$ U/min (Abb. 74).

Das Drehmoment ist $M_t = \dfrac{71\,620\,N}{n} = 71\,620 \cdot \dfrac{20}{350} = 4080\,\text{cmkg}$.

Der Wellendurchmesser ist $d = 14{,}4 \cdot \sqrt[3]{\dfrac{20}{350}} = 5{,}55\,\text{cm}$, gewählt 60 mm .

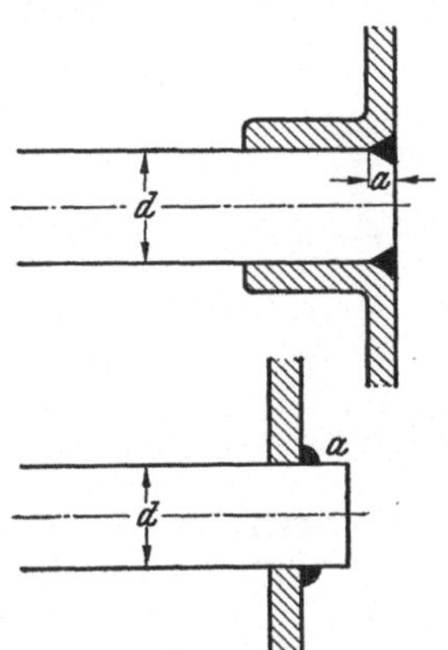

Die zulässige Spannung für die Kehlnaht ist $\varrho_{zul} = 910\,\text{kg/cm}^2$.

Die zulässige Spannung bei wechselnder Belastung, die man hier ungünstigerweise annehmen muß, ist $\varrho'_{zul} = 0{,}33 \cdot 910 = 300\,\text{kg/cm}^2$.

Die Umfangskraft, welche die Schweißnaht auf Abscheren beansprucht, ist

$$P = \frac{M_t \cdot 2}{d} = \frac{4080 \cdot 2}{6} = 1360\,\text{kg} .$$

Daraus ergibt sich die Nahtdicke

$$a = \frac{P}{d \cdot \pi \cdot \varrho'_{zul}} = \frac{1360}{6 \cdot \pi \cdot 300} = 0{,}24\,\text{cm},$$

Abb. 74. Skizze zu Aufgabe 70.   gewählt $a = 3$ mm .

18. Berechnungsmethode mit Zurückführung auf bestimmte untersuchte Bauelemente. Das Verfahren geht so vor sich, daß man bestimmte Bauelemente, die bei ausgeführten Konstruktionen besonders häufig vorkommen und die vielleicht schon zu besonders häufigen Schäden Veranlassung gegeben haben, auswählt und deren Dauerfestigkeit durch verschiedene praktische Versuche ermittelt. Diese Versuche werden so durchgeführt, daß man ein solches Bauelement bei bestimmter aufgebrachter Spannung beansprucht. Die Zahl der Beanspruchungen bis zum Bruch wird festgestellt. Vermindert man die aufgebrachten Spannungen, so erhöht sich die Zahl der Lastwechsel bis zum Bruch.

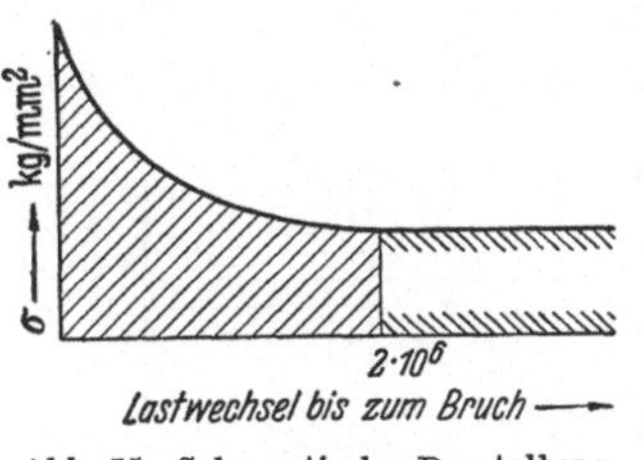

Abb. 75. Schematische Darstellung einer Wöhlerkurve.

Schließlich ergibt sich eine Spannung, welche bei noch so langer Beanspruchung nicht zum Bruch führt. Legt man die Ergebnisse in einem Diagramm fest, so erhält man Abb. 75, die „Wöhlerkurve". Diese so festgestellte geringste Spannung wird als Dauerfestigkeit bezeichnet [1]. Der Bereich der Kurve vor Erreichung des parallelen Stückes wird als *Zeitfestigkeit* bezeichnet (Abb. 75: schraffierte Fläche), da die Teile in diesem Bereich während einer vorher bestimmten Zeit (nämlich die entsprechende Zahl der Lastwechsel) diese Spannungen aushalten. Häufig wird auch die Kurve so gezeichnet, daß man den Maßstab für die Lastwechselzahlen logarithmisch wählt, man erhält dann Abb. 76.

Bei manchen Werkstoffen (z. B. vielen Leichtmetallegierungen) verläuft die Wöhlerkurve am Ende nicht parallel zur Abszisse (s. Abb. 77), man kann daher streng genommen nicht mehr eine bestimmte Dauerfestigkeit angeben. In solchen Fällen wird eine bestimmte Lastwechselzahl festgelegt (z. B. 2 Millionen oder 8 oder auch 80 Millionen) und die Spannung, mit der man diese festgelegte Lastwechselzahl erreichen konnte, als *Dauerfestigkeit* dieses Werkstoffes bezeichnet (eigentlich „Zeitfestigkeit", s. oben).

---

[1] Vgl. auch Werkstattbuch Heft 34 „Werkstoffprüfung, Metalle".

Grundsätzlich muß man sich vor Augen halten, daß eine Wöhlerkurve, zu deren Aufstellung sehr viele Einzelversuche gehören, nur einen Dauerfestigkeitswert für eine bestimmte Belastungsart (also z. B. nur die nach Abb. 69), für eine bestimmte Werkteilform und für einen bestimmten Werkstoff liefert. Inwieweit man von

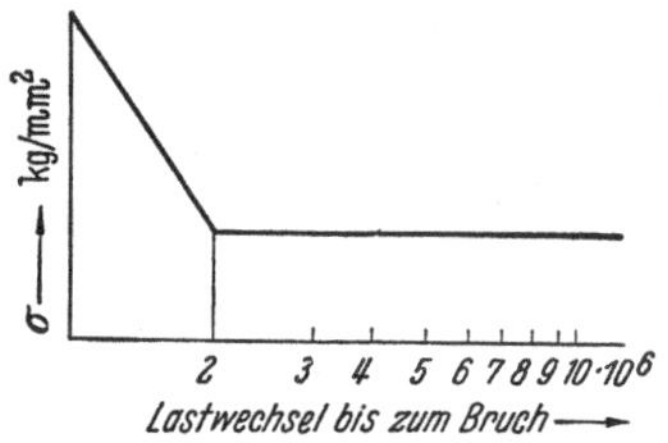

Abb. 76. Schematische Darstellung einer Wöhlerkurve mit logarithmischem Maßstab der Achse der Lastwechsel.

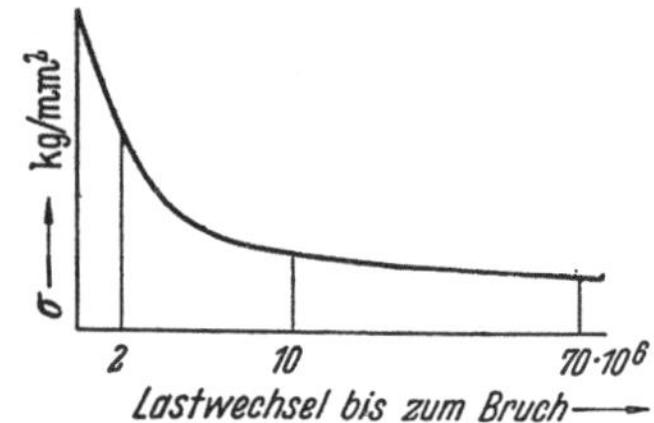

Abb. 77. Schematische Darstellung der Wöhlerkurve für Leichtmetalle.

dem Dauerfestigkeitswert einer Belastungsart auf den einer anderen Art oder von dem Dauerfestigkeitswert einer Form auf den einer ähnlichen Form, oder von dem Dauerfestigkeitswert eines Werkstoffes auf den eines anderen Werkstoffes schließen kann, ist grundsätzlich ungewiß und kann meistens nur durch weitere Versuche geklärt werden. Daraus ergibt sich als Nachteil dieses Verfahrens, daß man sehr viele Versuche durchführen muß, wenn man alle Verhältnisse ganz eindeutig klären will. Der Vorteil ist jedoch, daß die so ermittelten Werte tatsächlich stimmen (allerdings in den oben skizzierten Grenzen!) und daß man daher mit dem geringsten Werkstoffaufwand die gegebene Aufgabe erledigen kann. Man benutzt deshalb diese Methode dort, wo man stets gleiche Verhältnisse hat, wo sich die Konstruktion gar nicht oder nur unbedeutend ändert.

Als Beispiel soll eine Kehlnahtverbindung bei reiner Wechselbiegebeanspruchung gewählt werden [1].

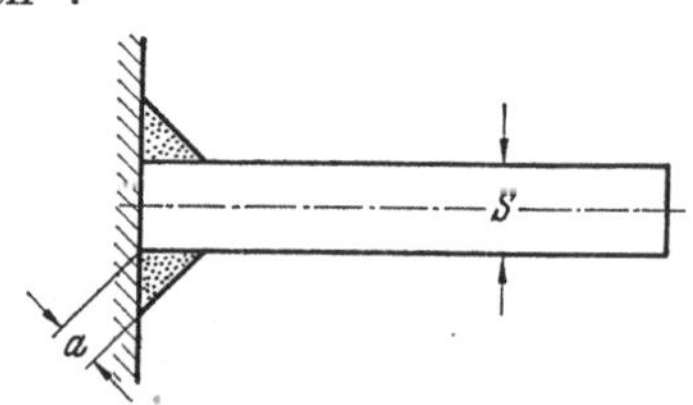

Abb. 78. Skizze zu Aufgabe 71.

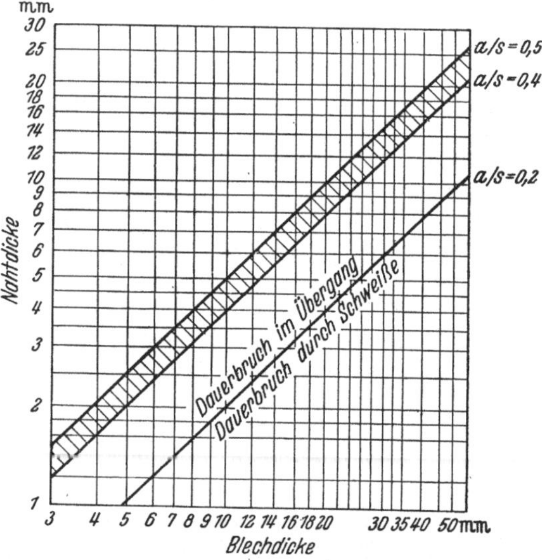

Abb. 79. Nahtdicke a in Abhängigkeit von der Blechdicke s bei wechselbiegebeanspruchten Kehlnahtverbindungen.

Aufgabe 71. Auf ein Blech von 100 mm Breite und 14 mm Dicke wirkt ein Wechselbiegemoment von 1500 cmkg (s. Abb. 78).

Bei Bestimmung der Nahtdicken ist zu berücksichtigen, daß der Bruch bei zu geringer Nahtdicke in der Naht, bei zu großer Nahtdicke im Blech erfolgt. Durch Versuche sind die günstigsten Verhältnisse zwischen Naht und Blechdicke (a/s) gefunden worden. In Abb. 79 stellt der schraffierte Bereich die besten Verhält-

____

[1] Bemessung von Kehlnahtverbindungen bei Wechselbiegebeanspruchung. Thum u. Erker, Darmstadt. Z. VDI Bd. 83 Nr. 51 vom 23. 12. 1939.

nisse dar. Für den vorliegenden Fall wählt man bei $s = 14$ mm $a = 6$ mm; dann ergibt sich $a/s = 0,428$. Aus Abb. 80 liest man eine Wechselbiegefestigkeit von 10 kg/mm² ab. Nimmt man einen glatten Übergang ohne Einbrandkerben an, so ist die tatsächliche Spannung im Blech $\sigma = \dfrac{M}{W} = \dfrac{1500 \cdot 6}{10 \cdot 1,4^2} = 460$ kg/cm² $= 4,6$ kg/mm². Die Sicherheit ist demnach $S = \dfrac{10}{4,6} = 2,17$; was für die üblichen Konstruktionen richtig sein dürfte.

Hätte man $a = 2,5$ mm gewählt, so wäre $\dfrac{a}{s} = \dfrac{2,5}{1,4} = 0,179$.

Nach Abb. 79 ergibt sich, daß dann die Naht selbst gefährdet wäre. Das Widerstandsmoment der Schweißnaht ist

$$W_S = \frac{b}{6} \cdot \frac{(s - 2a)^3 - s^3}{s + 2a} = \frac{10}{6} \cdot \frac{(1,4 + 2 \cdot 0,25)^3 - 1,4^3}{1,4 + 2 \cdot 0,25} = 3,62 \text{ cm}^3 .$$

Die tatsächliche Spannung in der Schweiße ist

$$\sigma = \frac{1500}{3,62} = 414 \text{ kg/cm}^2 = 4,14 \text{ kg/mm}^2 .$$

Die Wechselbiegefestigkeit solcher Schweißnähte wird durch Einführung eines Abminderungsfaktors ξ Abb. 81 aus der vorhin ermittelten Biegefestigkeit

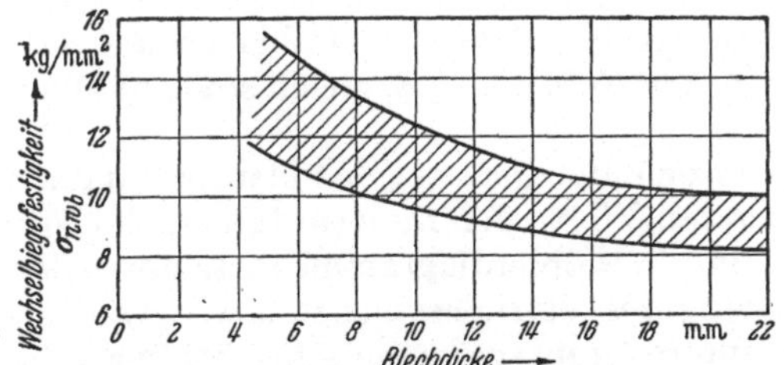

Abb. 80. Wechselbiegefestigkeit von Kehlnahtverbindungen aus St 37 bei einem Verhältnis $\dfrac{\text{Nahtdicke } a}{\text{Blechdicke } s} > 0,4$. Gefährdeter Querschnitt: Übergang von Schweiße zu Blech.

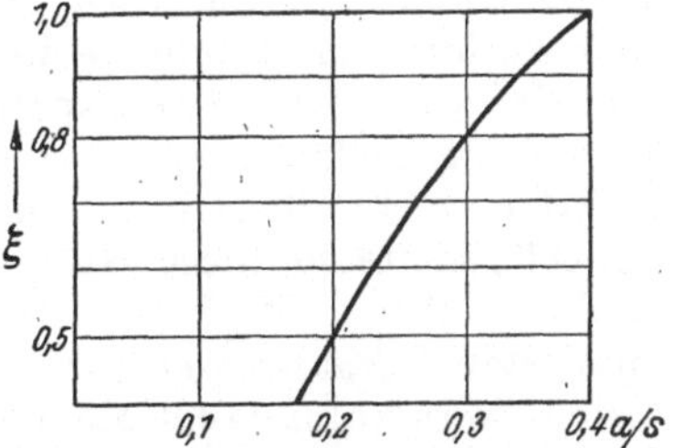

Abb. 81. Abminderungsfaktor ξ in Abhängigkeit von dem Verhältnis $\dfrac{\text{Nahtdicke } a}{\text{Blechdicke } s}$ zur Ermittlung der Wechselbiegefestigkeit von Kehlnähten.

der Verbindung gefunden. Aus dem hier ermittelten Wert $a/s = 0,179$ ergibt sich $\xi = 0,42$ Abminderung. Also ist die Wechselbiegefestigkeit dieser Naht $\sigma_{n_{wb}} = 10 \cdot 0,42 = 4,2$ kg/mm² und die Sicherheit $S = \dfrac{4,2}{4,14} = 1,01$; was auf jeden Fall zu niedrig wäre. Hätte man eine Nahtdicke gewählt, die ein Verhältnis a/s zwischen 0,2 und 0,4 ergeben hätte, so hätte man beide Rechnungen durchführen und ausreichende Sicherheit nachweisen müssen.

19. Allgemeines Verfahren des Maschinenbaues. Für allgemeine Untersuchungen ist das vorgenannte Verfahren nicht geeignet. Man muß versuchen, alle Einflüsse auf die Dauerfestigkeit von Werkteilen auf einen einheitlichen Nenner zu bringen. Zu diesem Zwecke untersucht man zunächst die Dauerfestigkeit der bestherstellbaren Verbindung; das ist zwar die schräge Stoßnaht (Abb. 82), die

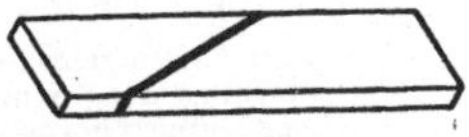

Abb. 82. Schräge Stoßnaht.

theoretisch rechnerische Vorteile bietet. Sie wird aber heute nicht mehr ausgeführt, deshalb gilt als bestherstellbare Verbindung die *gerade Stoßnaht mit Wurzelnachschweißung*[1]. Diese Untersuchungen ergeben dann nach Ermittlung der

---

[1] Vgl. BOBECK, Schweißen im Maschinenbau, Teil I. Herausgegeben vom Fachausschuß für Schweißtechnik im VDI. VDI-Verlag, Berlin 1943.

verschiedenen Wöhlerkurven die größten „zulässigen" Spannungen bei verschiedenen Belastungsannahmen. Dabei bezeichnet man die größte Spannung jedes Spannungswechsels als „obere Grenzspannung", die kleinste als „untere Grenzspannung" (s. Abb. 83). Zur Festlegung dieser Punkte hat man jedoch nicht diese Begriffe gewählt, sondern man hat neu die Begriffe der „Mittelspannung σ_m" und des „Spannungsausschlages σ_a" festgelegt. Dabei bedeutet σ_A den größtmöglichen („zulässigen") Spannungsausschlag, während man mit σ_a den aus der Konstruktion errechneten bzw. im Betriebe auftretenden tatsächlichen Spannungsausschlag bezeichnet. Aus Abb. 83 liest man ab, daß die Mittelspannung $\sigma_m = \dfrac{\sigma_o + \sigma_u}{2}$ und

der Spannungsausschlag $\sigma_A = \dfrac{\sigma_o - \sigma_u}{2}$ ist. Zwei Belastungsannahmen sind besonders ausgezeichnet und kommen besonders häufig vor: Bei Belastungsfall Abb. 83a der „reinen wechselnden Beanspruchung" ist $|\sigma_o| = |\sigma_u|$, woraus sich ergibt, daß $\sigma_m = 0$ ist und $\sigma_A = |\sigma_o| = |\sigma_u|$. Belastungsfall Abb. 83c, der Grenzfall der „schwellenden Belastung" (Schwellfestigkeit, Abb. 83d) gegenüber der „wechselnden Beanspruchung" (Wechselfestigkeit, Abb. 83b), stellt die sogenannte *Ursprungsfestigkeit* dar. Dabei ist $\sigma_u = 0$; $\sigma_m = \sigma_A = \dfrac{1}{2}\,\sigma_o$. Daß σ_o für den Gebrauch der Praxis nur den Wert der Streckgrenze erreichen kann, ist selbstverständlich, denn die durch Überschreitung der Streckgrenze hervorgerufene bleibende Verformung kommt ja in der Betriebspraxis nicht vor. Daher erklärt sich auch, daß die oberen Grenzspannungen in den Fällen b, c, d, gleich sind, nämlich gleich der Streckgrenze.

Hat man die oberen und unteren Grenzspannungen aus Wöhlerdiagrammen ermittelt, so stellen diese Werte die äußersten Werte der Dauerfestigkeit dar, die das Werkteil bestenfalls aushalten kann, da die Wöhlerdiagramme stets unter den günstigsten Verhältnissen (beste Ausführung des Versuchsstückes usw.) ermittelt werden. Man kann daher die obere und untere Grenzspannung schlechthin als die „Dauerfestigkeit" des vorliegenden Teiles betrachten und kann nunmehr das Schleifendiagramm nach SMITH (Abb. 84) zeichnen. Zum besseren Verständnis ist die Abb. 83 noch einmal daneben gezeichnet, um zu zeigen, wie man die Werte

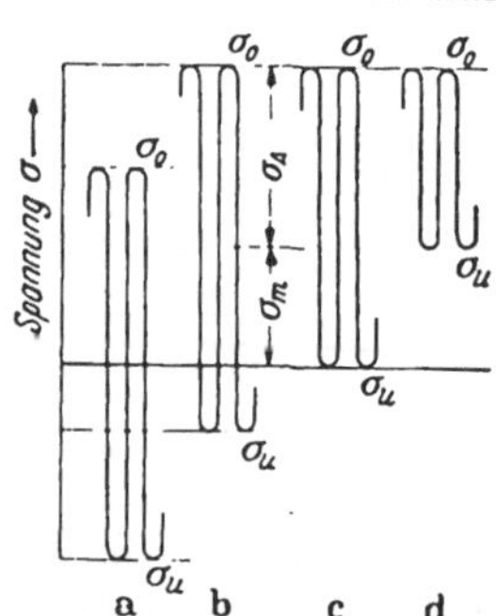
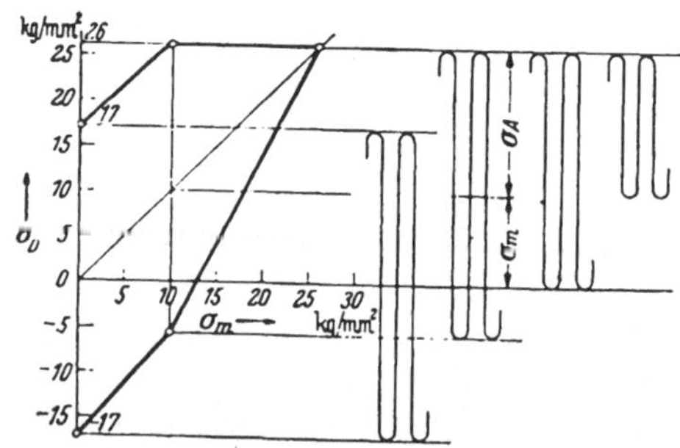

Abb. 83. Schematische Darstellung der Spannungsveränderungen bei wechselnder Belastung.

Abb. 84. Schematische Darstellung eines Schleifendiagramms nach SMITH.

der Abb. 84 direkt aus der Abb. 83 erhalten kann. Zur Erleichterung der Rechnung hat man ursprünglich die sich ergebenden Kurvenäste durch gerade Linien ersetzt. Daß das Diagramm bei der Streckgrenze — hier mit 26 kg/mm² angenommen — abgeschnitten wird, daß es darüber hinaus nur theoretische Bedeutung hat, wurde schon oben erwähnt. Man kann also z. B. aus dem Diagramm ablesen, daß bei $\sigma_m = 6 \, \text{kg/mm}^2$ die obere Grenzspannung $\sigma_0 = 22{,}4 \, \text{kg/mm}^2$ oder bei $\sigma_m = 20$ $\sigma_0 = 26 \, \text{kg/mm}^2$ ist. Da das Diagramm aus einzelnen geraden Linien besteht, ist es naheliegend, die Werte zu berechnen; man spart dafür die unhandliche Benutzung der Diagramme. Aus dem Diagramm Abb. 84 erkennt man[1], daß

$$\sigma_A = 17 - 0{,}1\, \sigma_{nm} \quad (\text{für } \sigma_{nm} \leq 10) \,,$$

$$\sigma_A = 26 - \sigma_{nm} \quad (\text{für } \sigma_{nm} \geq 10) \,.$$

Wie schon oben ausdrücklich erwähnt, beziehen sich sämtliche Dauerfestigkeitswerte auf die bestmögliche Ausführungsart. Da nunmehr die tatsächliche Schweißnaht selten dem im Labor erreichten besten Wert entspricht, muß man *Abminderungsfaktoren* einführen, die den Einfluß der verschiedenen Umstände berücksichtigen. Es ist vorgeschlagen worden, den Beiwert „c" zu nennen.

Der Einfluß des *Werkstoffes* auf die Dauerfestigkeit geschweißter Konstruktionen ist gering, daher verändern sich die zugehörigen c_0-Werte nur wenig (Tabelle 15). Die Streckgrenze von St 52 liegt zwar gegenüber der Streckgrenze von St 37 um etwa 48% höher. Doch sind die höhergekohlten Stähle auf geringfügige Fehler in der Oberflächenbeschaffenheit gegenüber der niedergekohlter Stähle empfindlicher, so daß sich diese beiden Punkte etwa ausgleichen dürften.

Tabelle 15. Beiwerte c_0 zur Berücksichtigung des Einflusses des Werkstoffes auf die Dauerfestigkeit von geschweißten Teilen.

St 37	$c_0 = 1$
St 45	$c_0 = 1{,}05$
St 52	$c_0 = 1{,}07$

Sodann muß man einen Beiwert c_1 zur Berücksichtigung der *Güte der Schweißung* aufstellen. Die denkbar beste, sorgfältigste Ausführung erhält den Wert 1, während für die übliche Werkstattarbeit ein Wert von $c_1 = 0{,}5$ eingesetzt wird. Hierbei kann man auch das verschiedene Können der Schweißer berücksichtigen. Bringt es also ein Schweißer fertig, stets eine schöne glatte Naht ohne seitliche Kerben zu schweißen, so wird man seiner Arbeit einen höhern Beiwert c_1 zubilligen können.

Die Beiwerte c_2 zur Berücksichtigung des Einflusses der *Nahtform* auf die Dauerfestigkeit einer geschweißten Verbindung sind aus Tabelle 16 zu entnehmen. Man sieht aus den niedrigen Beiwerten z. B. für die einseitige gerade Kehlnaht die schlechte Eignung solcher Nähte für Verbindungen, die auf Dauerfestigkeit beansprucht sind. Man wird durch solche niedrigen Beiwerte noch besonders darauf hingewiesen, daß man solche Nähte für diese Beanspruchungen überhaupt vermeiden soll. Die formbedingte *Kerbwirkung* der gesamten Verbindung berücksichtigt man durch den Beiwert c_3. So werden Verbindungen, die einen glatten Kraftfluß haben (z. B. die Stoßverbindungen) den Beiwert $c_3 = 0{,}9$ erhalten können, während dort, wo der Kraftfluß umgelenkt wird, ein niedrigerer Beiwert vorzusehen ist. Zusammengesetzte Nähte, d. h. solche, bei denen der Kraftfluß nur teilweise umgelenkt wird, erhalten den Beiwert $c_3 = 0{,}6$; Nähte, die auf Aufreißen beansprucht sind, d. h. solche, bei denen z. B. ein Endkrater sich auswirken kann, den Beiwert $c_3 = 0{,}3$.

Schließlich ist noch die *Stückgröße* zu berücksichtigen. Man führt dafür den Beiwert c_4 ein. Kleinere Teile, welche der Schweißer zudem leicht in die für ihn bequeme Lage drehen kann, erhalten den Beiwert $c_4 = 0{,}9$; ganz große 0,75.

Man könnte natürlich auf diesem Wege noch weiter gehen, und weitere Beiwerte zur Berücksichtigung des Einflusses weiterer Punkte auf die Dauerfestigkeit von Teilen einführen.

---

[1] Der Index n in σ_{nm} usw. bedeutet „Nenn"-Festigkeit bzw. -Beanspruchung im Gegensatz zu den tatsächlichen Beanspruchungen.

Tabelle 16. Beiwerte c_2 zur Berücksichtigung des Einflusses der Nahtform auf die Dauerfestigkeit einer Verbindung.

Nahtformen		Zug Druck	Biegg.	Schub
	Einseitige gerade Kehlnaht . . .	0,4	0,2	0,4
	Doppelseitige gerade Kehlnaht .	0,6	0,8	0,6
	Doppelseitige Hohlkehlnaht . . .	0,7	0,9	0,7
	halbe V-Naht	0,7	0,8	0,7
	2 halbe V-Nähte	0,7	0,8	0,7
	K-Naht	0,9	0,9	0,9
	Schrägnaht durchgeschweißt . .	0,95	0,9	0,9
	Geradnaht durchgeschweißt . .	0,9	0,9	0,7
	Schrägnaht; Wurzel nicht nachgeschweißt	0,7	0,7	0,7
	Geradnaht; Wurzel nicht nachgeschweißt	0,6	0,7	0,55

Da man die einzelnen Beiwerte mit Teilwirkungsgraden einer „Kraft“-Übertragung vergleichen kann, so ist der gesamte Beiwert das Produkt der einzelnen Beiwerte. Also

$$c = c_0 \cdot c_1 \cdot c_2 \cdot c_3 \cdot c_4 \,.$$

Den für die jeweils vorliegende Mittelspannung „zugelassenen“ Spannungausschlag erhält man zu

$$\sigma_A' = c \cdot \sigma_A \,.$$

Man kann hieraus die Sicherheit der ganzen Verbindung errechnen durch

$$S = \frac{\sigma_A'}{\sigma_{na}} \,.$$

Diese ist üblicherweise $= 2$, mindestens jedoch 1,25.

Der gesamte Rechnungsgang für die Nachprüfung der Dauerfestigkeit einer geschweißten Verbindung ist also folgendermaßen: Man stelle zunächst auf Grund der gegebenen veränderlichen Kräfte die Nennspannungen unter Berücksichtigung ihrer Vorzeichen fest. Hierbei richtet man sich nach Kapitel III, dessen Grundlage ja die DIN 4100 ist. Dann errechnet man sich die Mittelspannung

$$\sigma_{nm} = \frac{\sigma_{no} + \sigma_{nu}}{2}$$

und den Spannungsausschlag

$$\sigma_{na} = \frac{\sigma_{no} - \sigma_{nu}}{2} \,.$$

Aus den Beziehungen

$$\sigma_A = 17 - 0,1\,\sigma_{nm} \quad (\text{für } \sigma_{nm} \leq 10),$$
$$\sigma_A = 26 - \sigma_{nm} \quad (\text{für } \sigma_{nm} \geq 10)$$

erhält man den Spannungsausschlag, der zu dieser Mittelspannung gehört. Jetzt wählt man die verschiedenen Beiwerte auf Grund der gegebenen Verhältnisse und ermittelt den Beiwert

$$c = c_0 \cdot c_1 \cdot c_2 \cdot c_3 \cdot c_4 \quad \text{und} \quad \sigma'_A = c \cdot \sigma_A.$$

Aus der Beziehung

$$S = \frac{\sigma'_A}{\sigma_{na}}$$

erhält man dann die „Sicherheit", die zu beurteilen ist, ob sie ausreicht oder nicht.

Aufgabe 72. Ein Werkstück nach Abb. 85 ist durch $P_1 = +800$ kg und $P_2 = -400$ kg belastet. Es soll eine sehr sorgfältige Ausführung unter Vermeidung der Anfangs- und Schlußkrater vorgesehen werden. Dann ist

$$M_1 = +800 \cdot 30 = +24\,000 \text{ cmkg},$$
$$M_2 = -400 \cdot 30 = -12\,000 \text{ cmkg}.$$

Das Widerstandsmoment ist bei a = 8 mm

$$W = \frac{2 \cdot 0{,}8 \cdot 20^2}{6} = 107 \text{ cm}^3.$$

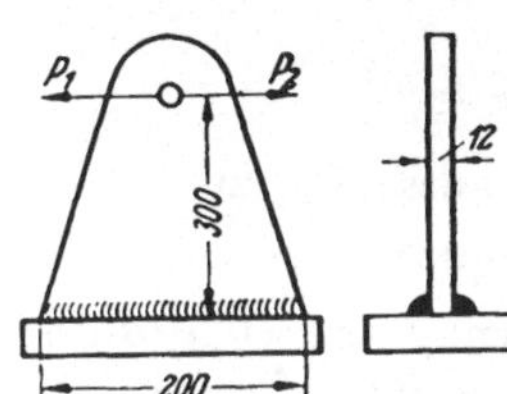

Daraus ergibt sich die obere Nennspannung

$$\sigma_{n_0} = \frac{+24\,000}{107} = +224 \text{ kg/cm}^2$$

und die untere Nennspannung

$$\sigma_{nu} = \frac{-12\,000}{107} = -112 \text{ kg/cm}^2.$$

Abb. 85. Skizze zu Aufgabe 72.

Damit bestimmt man den Spannungsausschlag zu

$$\sigma_{na} = \frac{2{,}24 - (-1{,}12)}{2} = 1{,}68 \text{ kg/mm}^2$$

und die Mittelspannung

$$\sigma_{nm} = \frac{2{,}24 + (-1{,}12)}{2} = 0{,}56 \text{ kg/mm}^2.$$

Da $\sigma_{nm} < 10$ ist, bestimmt sich der zugehörige Spannungsausschlag zu

$$\sigma_A = 17 - 0{,}1\,\sigma_{nm} = 17 - 0{,}1 \cdot 0{,}56 \approx 17 \text{ kg/mm}^2.$$

Nun sind die Beiwerte zu wählen. $c_0 = 1$; da es sich um sehr gute sorgfältige Arbeit handeln soll, wird c_1 mit 0,9 angenommen. Aus Tabelle 16 ist c_2 zu ermitteln. Man kann hier die Beanspruchung als Zug-Druck-Beanspruchung einer glatten doppelten Kehlnaht auffassen und erhält für $c_2 = 0{,}6$. Da die Naht auf Aufreißen beansprucht ist, wird man für c_3 vorsichtigerweise den Wert 0,4 einsetzen müssen; während mit Rücksicht auf die Größe des Teiles c_4 mit 0,9 eingesetzt ist. Daraus ergibt sich für

$$c = c_0 \cdot c_1 \cdot c_2 \cdot c_3 \cdot c_4 = 1 \cdot 0{,}9 \cdot 0{,}6 \cdot 0{,}4 \cdot 0{,}9 = 0{,}194.$$

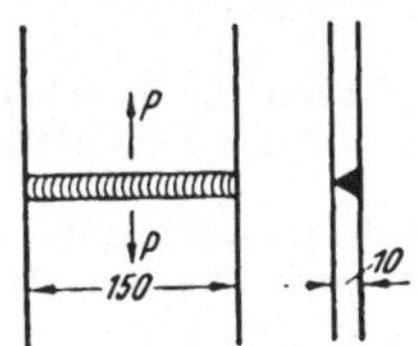

Damit ist

$$\sigma'_A = c \cdot \sigma_A = 0{,}194 \cdot 17 = 3{,}3 \text{ kg/mm}^2.$$

Und die Sicherheit der ganzen Verbindung ist dann:

$$S = \frac{\sigma'_A}{\sigma_{na}} = \frac{3{,}3}{1{,}68} = 1{,}97,$$

Abb. 86. Skizze zu Aufgabe 73.

was ausreichend sein dürfte.

Aufgabe 73. Ein Zugband nach Abb. 86 ist nachzuprüfen. $P_1 = +25$ t; $P_2 = +18$ t. Es soll eine übliche, gute Ausführung ohne Anfangs- und Schlußkrater vorgesehen werden.

Der Nahtquerschnitt ist

$$F = 1 \cdot 15 = 15 \text{ cm}^2 \, .$$

Dann ist die obere Nennspannung

$$\sigma_{no} = \frac{25}{15} = 1,67 \text{ t/cm}^2 = 16,7 \text{ kg/mm}^2$$

und die untere Nennspannung

$$\sigma_{nu} = \frac{18}{15} = 1,2 \text{ t/cm}^2 = 12 \text{ kg/mm}^2 \, .$$

Damit bestimmt sich der Spannungsausschlag zu

$$\sigma_{na} = \frac{\sigma_{no} - \sigma_{nu}}{2} = \frac{16,7 - 12}{2} = 2,35 \text{ kg/mm}^2$$

und die Mittelspannung

$$\sigma_{nm} = \frac{\sigma_{no} + \sigma_{nu}}{2} = \frac{16,7 + 12}{2} = 14,35 \text{ kg/mm}^2 \, .$$

Da $\sigma_{nm} > 10$ ist, bestimmt sich der zugehörige Spannungsausschlag zu

$$\sigma_A = 26 - \sigma_{nm} = 26 - 14,35 = 11,65 \text{ kg/mm}^2 \, .$$

Die Beiwerte: $c_0 = 1$; $c_1 = 0,6$ für gute gewöhnliche Ausführung; $c_2 = 0,9$ (durchgeschweißte Geradnaht Tabelle 16); $c_3 = 0,9$ einfacher gerader Kraftfluß; $c_4 = 0,8$ mit Rücksicht auf die Größe des Teiles. Es ergibt sich dann:

$$c = c_0 \cdot c_1 \cdot c_2 \cdot c_3 \cdot c_4 = 1 \cdot 0,6 \cdot 0,9 \cdot 0,9 \cdot 0,8 = 0,389 \, .$$

Damit ist

$$\sigma'_A = c \cdot \sigma_A = 0,389 \cdot 11,65 = 4,53 \text{ kg/mm}^2 \, .$$

Und die Sicherheit

$$S = \frac{4,53}{2,35} = 1,93 \, ,$$

was wieder ausreichen dürfte.

20. Eisenbahnbrückenbau. Im Brückenbau hat sich, fußend auf den amtlichen Vorschriften[1], ein anderes Berechnungsverfahren eingeführt. Man geht auch wieder von Belastungsversuchen aus, legt aber dem zu zeichnenden Diagramm die reine schwellende Belastung zugrunde, bei der also die untere Grenzspannung null ist. Die dazu gehörende größte Spannung wird in diesem Zusammenhang Schwellfestigkeit oder

---

[1] Berechnung von vollwandigen Eisenbahnbrücken nach Bahnvorschriften (s. a. „Erläuterungen zu den Vorschriften für geschweißte Stahlbauten, II. Teil: Vollwandige Eisenbahnbrücken", Kommerell, Verlag W. Ernst & Sohn, Berlin). Inwieweit auch Straßenbrücken nach den Bahnvorschriften zu berechnen sind, unterliegt dem Ermessen der Aufsichtsbehörde.

An dieser Stelle sei der Unterschied zwischen den Berechnungsmethoden für Brücken nach Bahnvorschriften und solchen nach Hochbauvorschriften (DIN 4101, ähnlich DIN 4100) hervorgehoben:

Nach DIN 4100 und 4101 wird die ermittelte Spannung ϱ mit einem festgesetzten Wert ϱ_{zul} verglichen, wobei ϱ_{zul} der Art der Schweißnaht entsprechend kleiner gewählt ist als die zulässige Beanspruchung des ungeschweißten Werkstoffes, also berechnete oder gemessene Spannung $\varrho \leqq \varrho_{zul} = \alpha \cdot \sigma_{zul}$ bzw. $\alpha \cdot \tau_{zul}$.

Im Brückenbau nach Bahnvorschriften wird umgekehrt verfahren: Mit zwei Beiwerten γ und $\varkappa$ (dieses α hat mit dem obigen nichts zu tun) werden die berechneten oder gemessenen ϱ-Werte umgerechnet, und dann setzt man $\dfrac{\alpha}{\varrho} \leqq \sigma_{zul}$ bzw. τ_{zul}. Man behält also als zulässige Beanspruchung den für den betr. Werkstoff bekannten oder festgesetzten Wert bei. Die beiden Beiwerte tragen der Art der Bauteile und der Beanspruchungen Rechnung.

auch „Ursprungsfestigkeit σ_U" genannt. Die anderen unteren Grenzspannungen werden auf einer 45-Gradlinie eingetragen. Abb. 87 zeigt schematisch das Zustandekommen dieses Diagramms. Auf der rechten Seite der Abb. 87 sind verschiedene Belastungsfälle eingetragen. Fall „a" zeigt den Fall der reinen wechselnden Belastung, also den Fall, bei dem die untere Spannung absolut genommen gleich der oberen Spannung ist. Fall „b" ist ein beliebiger Belastungsfall des wechselnden Bereichs, Fall „c" der Fall der reinen schwellenden Belastung, bei der $\sigma_u = 0$, $\sigma_0 = \sigma_U$ ist, Fall „d" ein beliebiger Belastungsfall im schwellenden Bereich, Fall „e" kann als äußerster Grenzfall aufgefaßt werden, bei welchem sich die untere Spannung von der oberen nicht mehr unterscheidet, d. h. die Belastung ist konstant. Je weiter man sich also auf dem Diagramm nach rechts bewegt, desto mehr nähert man sich der ruhenden Belastung. Die linke Diagrammseite ist dem Wechselbereich vorbehalten, während die rechte Seite den Schwellbereich ausmacht. Trägt man nun nicht, wie in Abb. 87 gestrichelt, beliebige, sondern voll ausgezogen die größten zulässigen Dauerfestigkeitsspannungen ein, so sieht man, daß die „y-Achse" die Achse der Dauerfestigkeiten schlechthin ist; daß auf der „x-Achse" wegen der 45-Grad-Linie auch die Werte der unteren Grenzspannungen zu finden sind (man kann sich das leicht am Fall „d" der Abb. 87 klarmachen). Man nennt dieses Diagramm das WEYRAUCH-KOMMERELL-Diagramm. Die Figur des Diagramms

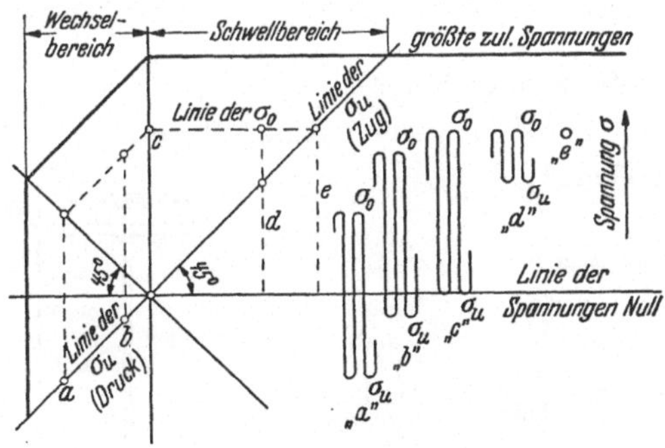

Abb. 87. Dauerfestigkeitsdiagramm nach WEYRAUCH-KOMMERELL.

wird auch als Spannungsgehäuse oder auch als *Spannungshäuschen* bezeichnet. In Wirklichkeit enthalten die „Spannungshäuschen" der amtlichen Vorschriften viele verschiedene Linien, die den verschiedenen Konstruktionselementen entsprechen. Zusammenzufassen ist, daß die Spannungsgehäuse die zulässigen Dauerfestigkeiten in Abhängigkeit von der unteren Spannung enthalten. Der große Vorteil dieses Verfahrens ist der, daß man mit „zulässigen Festigkeiten" rechnen kann, d. h. man hat die Berechnungsmethode der dynamisch beanspruchten geschweißten Stücke auf die Methode der ruhend belasteten Teile zurückgeführt. Allerdings braucht man jetzt für jedes Konstruktionselement und für jede Ausführungsart eine besondere Linie im Diagramm. Man kann also die vielfältigen Möglichkeiten, wie sie im Maschinenbau öfters vorkommen, schlechter erfassen. Im vollwandigen Brückenbau liegt aber wegen der einheitlichen Konstruktionselemente ein solcher Bedarf nicht vor, so daß sich hier die Vorteile dieses Verfahrens voll auswirken können.

Um das Abgreifen der einzelnen Werte aus dem Diagramm zu vermeiden, hat man zwei Beiwerte eingeführt, die aus den Spannungshäuschen abgeleitet sind. Der eine Beiwert α, die *Formzahl*, berücksichtigt die Form der Verbindung (s. Tabelle 17) während der Beiwert γ *rechnerisch die dynamische Beanspruchung auf eine statische Beanspruchung zurückführt* und von dem Verhältnis der kleinsten Kräfte zu den größten bzw. kleinsten Momente zu den größten abhängig ist. Aus diesen Darlegungen ergibt sich, daß, da ja die Dauerfestigkeitsdiagramme grundsätzlich auf die bestmögliche Ausführungsart bezogen sind, der α-Wert stets ≤ 1 sein muß, während der γ-Wert stets > 1 ist, da ja die zulässige statische Festigkeit bei Stahlbauten stets größer als die dynamische bei Brückenbauten ist. Der γ-Wert bestimmt sich aus den Formeln für

$$\text{Straßenbrücken}^1 \quad \text{St 37} \quad \gamma = 1 - 0,2\,\frac{\min M_I}{\max M_I},$$

$$\text{Straßenbrücken}^1 \quad \text{St 52} \quad \gamma = 1,04 - 0,46\,\frac{\min M_I}{\max M_I},$$

$$\text{Eisenbahnbrücken} \quad \text{St 37} \quad \gamma = 1 - 0,3\,\frac{\min M_I}{\max M_I},$$

Eisenbahnbrücken St 52 s. Vorschriften,
wobei aber nochmals betont werden muß, daß der γ-Wert stets ≥ 1 sein muß, d. h.
falls sich rechnerisch ein kleinerer Wert für γ ergeben sollte, muß trotzdem dann
$\gamma = 1$ eingesetzt werden.

Durch Einführung dieser Beiwerte können also sämtliche Beziehungen der Berechnungsmethode für statische Belastung benutzt werden, sofern man den Ausdruck γ/α vorsetzt.

Aufgabe 74. Ein geschweißter Träger nach Abb. 88 ist nachzuprüfen. Die Belastung ist: $\min M = +400$ tm; $\max M = +900$ tm; $\min Q = -15$ t; $\max Q = -150$ t.

Das Trägheitsmoment ist
$$I = \frac{240^3 \cdot 2}{12} + \frac{50}{12} \cdot [248^3 - 240^3] = 8\,260\,000 \text{ cm}^4.$$

Der Querschnitt
$$F = 2 \cdot 50 \cdot 4 + 240 \cdot 2 = 880 \text{ cm}^2.$$

Das statische Moment des Gurtes, bezogen auf die gemeinsame Schwerachse, ist
$$S = 50 \cdot 4 \cdot 122 = 24\,400 \text{ cm}^3,$$
das Widerstandsmoment ist
$$W = \frac{8\,260\,000}{124} = 66\,600 \text{ cm}^3.$$

Nun ist
$$\frac{\min M}{\max M} = \frac{400}{900} = +0,44 \; ; \qquad \frac{\min Q}{\max Q} = \frac{-15}{-150} = +0,1 .$$

Daraus ergibt sich bei St 37 für beide Fälle $\gamma = 1$,
$$\sigma_I = \gamma \cdot \frac{\max M_I \cdot e}{I} = \frac{1 \cdot 90\,000 \cdot 120}{8\,260\,000} = 1,31 \text{ t/cm}^2,$$
$$\tau_I = \frac{\gamma \cdot Q_1 \cdot S}{I \cdot t} = \frac{1 \cdot 150 \cdot 24\,400}{8\,260\,000 \cdot 2} = 0,222 \text{ t/cm}^2.$$

Nach Tabelle 17 Zeile 8 ist $\alpha = 1,1$.
Und daraus ergibt sich:
$$\sigma = \frac{1}{\alpha} \cdot \left[\frac{\sigma_I}{2} + \frac{1}{2} \cdot \sqrt{\sigma_I^2 + 4\,\tau_I^2}\right],$$
$$\sigma = \frac{1}{1,1} \cdot \left[\frac{1,31}{2} + \frac{1}{2} \cdot \sqrt{1,31^2 + 4 \cdot 0,222^2}\right] = 1,22 \text{ t/cm}^2 < \sigma_{zul}.$$

Beim Übergang zwischen Gurt und Steg ist
$$\tau_I = \frac{\gamma \cdot \max Q_I \cdot S}{\alpha' \cdot I \cdot t} = \frac{1 \cdot 150 \cdot 24\,400}{0,65 \cdot 8\,260\,000 \cdot 2} = 0,34 \text{ t/cm}^2 < \tau_{zul}.$$

Nachprüfung der Nahtdicke:
$$\varrho = \frac{Q \cdot S}{2 \cdot a \cdot I} = \frac{150 \cdot 24\,400}{2 \cdot 0,8 \cdot 8\,260\,000} = 0,278 \text{ t/cm}^2.$$

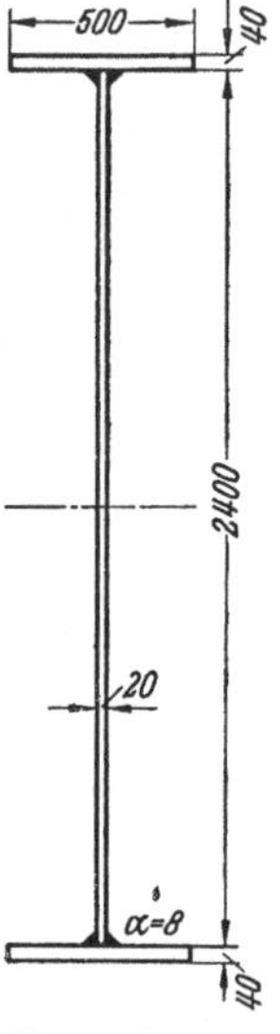

Abb. 88. Skizze zu
Aufgabe 74.

---

^{1} Gültig für Straßenbrücken der Eisenbahn und Autobahnbrücken. Der Index I in M_I und später Q_I, σ_I und τ_I bezeichnet die Berechnung an der Stelle „I".

Tabelle 17.

Nr.	Bauteil und Nahtart		Art der Beanspruchung	α-Werte bei Wechselbereich
1	Ungestoßen durchgehende Bauteile und Decklaschen		Zug	1,0
2			Druck	1,0
3			Abscheren	0,8
4	Gestoßene Bauteile	Nahtwurzel nachgeschweißt	Größte Spannung Zug $+$	0,8
5	Stoßnähte		Größte Spannung Druck $-$	$1 + 0,2\,r$
6		Nahtwurzel nicht nachgeschweißt	Größte Spannung Zug $+$	$0,57 + 0,11\,r$
7			Größte Spannung Druck $-$	$0,71 + 0,25\,r$
8	Durchlaufende Stoß- oder Kehlnähte zwischen Steg u. Gurte		Hauptspannung $$\sigma = \frac{1}{\alpha}\left[\frac{\sigma_I}{2} + \frac{1}{2}\sqrt{\sigma_I^2 + 4\tau_I^2}\right] \leqq \sigma_{zul}$$	$1,1 + 0,1\,r$
9	Schweißnähte u. Stegblech am Übergang zwischen Steg und Gurt [1]		Abscheren $$\tau_I' = \frac{\gamma \cdot \max Q_{I_x} \cdot S}{\alpha \cdot I \cdot t} \leqq \sigma_{zul}$$	0,65
10	Stoßnaht am Stegblechstoß		Hauptspannung Formel wie Zeile 8	1,0
11			Scherspannung $$\tau_I' = \frac{\gamma \cdot \max Q_{I_x}}{\alpha \cdot t \cdot h_s} \leqq \sigma_{zul}$$	0,65
12	Kehlnähte am biegefesten Anschluß eines Trägers		Hauptspannung $$\sigma = \frac{1}{\alpha} \cdot \sqrt{\sigma_I^2 + \tau_I^2} \leqq \sigma_{zul}$$	0,75
13			Scherspannung $$\tau_I' = \frac{\gamma \cdot \max A_I}{\alpha \cdot \Sigma\,(a \cdot l)} \leqq \sigma_{zul}$$	0,65
14	Bauteile in der Nähe v. Stirnkehlnähten u. an Stellen, an denen Flankenkehlnähte beginnen oder endigen Kehlnähte s. Ziffer 19	Stirnnähte und Flankenkehlnähten den unbearbeitet	Größte Spannung Zug $(+)$	$\alpha = 0,71 + 0,15\,r$
15			oder Druck $(-)$	
16		Wie vor, jedoch aufs beste bearbeitet	Größte Spannung Zug $(+)$	$\alpha = 0,93 + 0,13 \cdot \gamma$
17			Größte Spannung Druck $(-)$	$\alpha = 1 + 0,2\,\gamma$
18	Decklaschen und durchschießende Platten an den Fahrbahnlängsträgern, wenn die Flankenkehlnähte nicht durchgehend geschweißt sind		wie Zeilen 14—17	
19	Kehlnähte		Jede Beanspruchungsart mit Ausnahme der Hauptspannungen (Zeile 8) und Zug und Druck in der Nahtlängsrichtung	0,65

20 Die Stegblechstoßnähte sollen durchstrahlt werden; sie müssen in denjenigen Teilen bearbeitet schied der oberen und unteren Spannung $\sigma_o - \sigma_u \geqq 1120$ kg/cm² ist. Hierbei ist

---

[1] $Q_{I_x} =$ Querkraft an der untersuchten Stelle x.

(Fortsetzung)

St 37 $r = \dfrac{\min M_I}{\max M_I}$		Wechselbereich	α-Werte bei St 52 $\quad r = \dfrac{\min M_I}{\max M_I}$		
Schwellbereich			**Schwellbereich**		
1,0		1,0	1,0		
1,0		1,0	1,0		
0,8		0,8	0,8		
0,8		$0,71 - 0,09\,r$	$r = 0\cdots0,19$ $\alpha = 0,71$	$r = 0,19\cdots0,29$ $\alpha = 0,54 + 0,9\,r$	$r \geq 0,29$ $\alpha = 0,80$
1,0		$1 + 0,2r$	1,0		
$r = 0\cdots0,29$ $\alpha = 0,57 + 0,79\,r$	$r \geq 0,29$ $\alpha = 0,8$	$0,47 + 0,01\,r$	$r = 0\cdots0,19$ $\alpha = 0,47$	$r = 0,19\cdots0,52$ $\alpha = 0,28 + r$	$r \geq 0,52$ $\alpha = 0,8$
$r = 0\cdots0,11$ $\alpha = 0,71 + 0,82\cdot r$	$r \geq 0,11$ $\alpha = 0,8$	$0,59 + 0,13\,r$	$r = 0\cdots0,19$ $\alpha = 0,59$	$r = 0,10\cdots0,40$ $\alpha = 0,40 + r$	$r \geq 0,40$ $\alpha = 0,8$
1,1		1,0	$r = 0\cdots0,19$ $\alpha = 1,0 - 0,47\,r$	$r = 0,19\cdots0,45$ $\alpha = 0,77 + 0,73$	$r \geq 0,45$ $\alpha = 1,1$
0,65		0,55	0,55		
1,0		1,0	1,0		
0,65		0,55	0,55		
0,75		0,65	0,65		
0,65		0,55	0,55		
für $r = 0\cdots0,29$ $\alpha = 0,71 + 1,0\,r$	für $r \geq 0,29$ $\alpha = 1$	$\alpha = 0,59 + 0,03\,r$	für $r = 0\cdots0,19$ $\alpha = 0,59$	$r = 0,19\cdots0,52$ $\alpha = 0,35 + 1,24\,r$	$r \geq 0,52$ $\alpha = 1,0$
		$\alpha = 0,71 + 0,15\,r$	$r = 0\cdots0,19$ $\alpha = 0,71$	$r = 0,19\cdots0,43$ $\alpha = 0,48 + 1,21\,r$	$r \geq 0,43$ $\alpha = 1,0$
$r = 0\cdots0,07$ $\alpha = 0,93 + 1,0\,r$	für $r \geq 0,07$ $\alpha = 1$	$\alpha = 0,76 - 0,04\,r$	$r = 0\cdots0,19$ $\alpha = 0,76$	$r = 0,19\cdots0,38$ $\alpha = 0,52 + 1,26\,r$	$z \geq 0,38$ $\alpha = 1$
1		$\alpha = 0,82 + 0,02\,r$	$r = 0\cdots0,19$ $\alpha = 0,82$	$r = 0,19\cdots0,33$ $\alpha = 0,576 + 1,286\,r$	$r \geq 0,33$ $\alpha = 1$
wie Zeilen 14—17					
0,65		0,55	0,55		

werden (so daß ein allmählicher Übergang von der Raupe zum Blech entsteht), in denen der Unter-

$$\sigma_o = \frac{\max M_I}{W_n}; \qquad \sigma_u = \frac{\min M_I}{W_n}.$$

Aufgabe 75. Es ist ein Stegblechstoß rechnerisch nachzuprüfen. Stegblech-abmessungen 2400 · 20 mm. Belastungen: min $M = 75$ mt; max $M = 140$ mt; min $Q = -15$ t; max $Q = -150$ t.

Es ergibt sich $\gamma = 1$; $\alpha = 0{,}65$ (Tabelle 17 Zeile 10; 11; 8).

Dann ist:

$$\tau' = \frac{\gamma}{\alpha} \cdot \frac{\max Q}{t \cdot h} = \frac{1}{0{,}65} \cdot \frac{150}{2 \cdot 240} = 0{,}481 \ \text{t/cm}^2$$

und

$$\tau_I = \frac{\max Q}{t \cdot h} = \frac{150}{2 \cdot 240} = 0{,}312 \ \text{t/cm}^2 \, ,$$

$$\sigma_I = \frac{\max M}{W} = \frac{14\,000 \cdot 120}{2\,304\,000} = 0{,}73 \ \text{t/cm}^2 \, ,$$

$$\sigma = \frac{1}{\alpha} \cdot \left[\frac{\sigma_I}{2} + \frac{1}{2} \cdot \sqrt{\sigma_I^2 + 4\,\tau_I^2} \right] = \frac{1}{0{,}65} \cdot \left[\frac{0{,}73}{2} + \frac{1}{2} \sqrt{0{,}73^2 + 4 \cdot 0{,}312^2} \right]$$
$$= 1{,}3 \ \text{t/cm}^2 < \sigma_{zul} \, .$$

V. Kostenberechnung von Schmelzschweißungen.

A. Allgemeine Begriffe.

21. Kostenbegriffe. Der *Verkaufspreis* einer Arbeit setzt sich aus den Selbst-kosten + Zuschlag für Gewinn und unvorhergesehene Ausgaben zusammen. Die *Selbstkosten* bestehen aus den Herstellungskosten + Zuschlag für Verwaltung, Be-trieb, Werbung, Lohn- und Gehaltsaufkommen für die Arbeiter und Angestellten, welche an der Produktion nicht unmittelbar beteiligt, aber unentbehrlich sind (z. B. Kontrollingenieure, leitende Angestellte …). *Herstellungskosten* sind die Werkstoff- und Fertigungskosten. Die *Werkstoffkosten* bestehen aus dem Einkaufs-preis + Zuschlag für Lagerung, Verluste u. dgl. Die *Fertigungskosten* setzen sich zusammen aus den Lohnkosten + Gemeinkosten. Die *Gemeinkosten* sind allge-meine Kosten (z. B. Kapitalkosten, Steuern, Sozialausgaben, besondere Zuwen-dungen für die Arbeiter und Angestellten). Sie werden häufig als Zuschlag zu den Lohnkosten angegeben. Die *Lohnkosten* errechnen sich aus dem Produkt: Zeit-faktor × Geldfaktor. Der *Geldfaktor* ist der Lohnbetrag für die Zeiteinheit (Stun-densatz). Der Zeitfaktor ist die Zeit, welche für die Fertigung einer Arbeit ange-setzt wird. Sie soll der tatsächlich benötigten Zeit möglichst entsprechen.

22. Zeitbegriffe. Die Kernaufgabe der Kostenermittlung einer Arbeit ist die Ermittlung der notwendigen Arbeitszeit. Kommen in einer Werkstatt nur Arbeiten der gleichen Art *und* der gleichen Stückzahl vor, so kann man wohl die Arbeits-zeit zusammenfassend als eine feste Größe angeben. Da jedoch diese beiden Voraussetzungen (gleiche Art und gleiche Stückzahl) nur in Ausnahmefällen zu-treffen, so muß man die gesamte Arbeitszeit in Teilzeiten zergliedern, um Unter-lagen zu erhalten, mit denen man dann einigermaßen zutreffende Angaben über die Zeitverbräuche künftiger Arbeiten treffen kann. Es haben sich dabei einige ganz bestimmte Begriffe in der industriellen Fertigung eingeführt, welche nun er-klärt werden sollen.

Rüstzeit (t_r) ist die Zeit, welche zum Herrichten und Säubern des Arbeitsplatzes gebraucht wird. Sie unterteilt sich in *Rüstgrundzeit* (t_{rg}) und in *Verlustzeitzuschlag* (t_{rv}) zur Rüstgrundzeit. Zur Rüstgrundzeit gehören alle regelmäßig wiederkehren-den Zeitaufwendungen zur Vorbereitung der eigentlichen Arbeit. Das sind beim Gasschweißen die Einstellung der Ventile und der Flamme, beim Lichtbogen-schweißen das Anlassen und Einstellen der Maschine. Sodann gehören hierzu der

Transport der Geräte und der Werkstücke, die Ausgabe, Beschaffung der Schweißzusatzstoffe (Draht, Elektroden, Flußmittel ...), Lesen der Zeichnungen. In dem Verlustzeitzuschlag faßt man alle unregelmäßig anfallenden Zeitaufwendungen zusammen, die mit der Vorbereitung der eigentlichen Arbeit zusammenhängen. Dazu gehören unvermeidliche Wartezeiten des Schweißers, Störungen, z. B. Reinigen der Brennerspitze. Der Verlustzeitzuschlag wird mitunter in % der Rüstgrundzeit angegeben. Nach obigen Ausführungen ist also: $t_r = t_{rg} + t_{rv}$.

Unter *Hauptzeit* (t_h) versteht man die eigentliche Schmelzzeit. Sie ist gleichbedeutend mit der reinen Schweißzeit, die man z. B. dadurch ermittelt, daß man mit der Stoppuhr die Zeit mißt, welche zum Schweißen einer bestimmten Nahtlänge gebraucht wird. Die *Nebenzeit* (t_n) umfaßt alle regelmäßig wiederkehrenden Zeitaufwendungen, welche mit dem eigentlichen Schweißvorgang nichts zu tun haben, die aber trotzdem zum Gelingen der Arbeit notwendig sind. Das sind beim Gasschweißen das Anwärmen des Nahtanfanges, das Zusammenschweißen der Zusatzwerkstoffe; beim Lichtbogenschweißen das Auswechseln der Elektrode, das Säubern des Nahtendes. Sodann gehören dazu das Heften, Wenden und Richten der Teile. Die Zusammenfassung von Haupt- und Nebenzeit ist die *Grundzeit* (t_g). Auch hier kennt man wieder einen *Verlustzeitzuschlag* (t_{gv}) zur Grundzeit, der alle unregelmäßig wiederkehrenden Zeitaufwendungen umfaßt und der auch wieder oft in % der Grundzeit angegeben wird. Zum Verlustzeitzuschlag gehören beim Gasschweißen z. B. die Entfernung des in den Azetylenschlauch gelangten Wassers, das Ergänzen oder Ersetzen des Wassers in der Vorlage, die gründliche Reinigung der Brennerspitze und des Arbeitsplatzes; beim Lichtbogenschweißen sind in diesem Zusammenhang zu nennen: besonders gründliche Säuberung der Maschine, Reparatur der Schweißkabel, Auswechselung von Sicherungen. Sodann gehören noch allgemein dazu: Gespräche mit den Vorgesetzten und Hilfsarbeitern, Erholungspausen bei besonders schwierigen Arbeiten. Die *Stückzeit* ist die bei jedem Stück wiederkehrende Arbeitszeit. Sie stellt sich also dar als die Summe der Grundzeit und des Verlustzeitzuschlages zur Grundzeit. Unter *Vorgabezeit* versteht man schließlich die Zusammenfassung aller Zeitaufwendungen für die Fertigung von z Stück, wobei auch $z = 1$ sein kann:

$$T_z = t_{rg} + t_{rv} + z\,(t_h + t_n + t_{gv}).$$

Inwieweit man nun bei praktischen Kalkulationen dem hier aufgestellten Unterteilungsschema folgen soll, muß von Fall zu Fall geklärt werden. Sollen viele gleichartige Stücke hergestellt werden, so empfiehlt sich eine Unterteilung eher, als wenn jedes Stück von anderem Charakter ist.

B. Gasschweißen.

Beim Gasschweißen werden meist die Kosten auf 1 m Schweißnaht bezogen.

23. Rüstzeiten. Die Rüstzeiten hängen grundsätzlich nicht von der Nahtlänge ab. Wenn man sie aber trotzdem, was man vermeiden sollte, auf 1 m Naht bezieht, so muß man einen Durchschnittswert ermitteln, welcher den in der Werkstatt üblicherweise vorkommenden Arbeiten entspricht.

24. Stückzeiten. Die Hauptzeiten hängen von dem herzustellenden Nahtquerschnitt (Nahtform, Spaltbreite, Öffnungswinkel, Überwölbung), vom Werkstoff, von der Stückgröße, vom Schweißer ab. Durch den Nahtquerschnitt wird die einzuschmelzende Werkstoffmenge bestimmt. Schon geringe Abweichungen von einem Regelquerschnitt ergeben starke Veränderungen des Volumens der Naht (verändert sich in der dritten Potenz!) und damit auch der Zeit. Die Einhaltung eines Regelquerschnittes ist aber nicht nur zur Einhaltung der Kalkulationsgrundlagen notwendig, sondern auch zur Erzielung einer bestimmten Güte der Naht, indem

z. B. zu große Nahtquerschnitte zu starke Verwerfungen des Teiles zur Folge haben, oder zu geringe Öffnungswinkel ein notwendiges Durchschweißen nicht gestatten.

Der Werkstoff beeinflußt durch seine verschiedenen physikalischen Werte in hohem Maße die Schweißzeit (s. Tabelle 18).

Bei großen Teilen ist die Wärmeabwanderung größer als bei kleinen, bei denen leicht ein Wärmestau eintritt. Die Folge hiervon ist bei kleinen Teilen eine Verkürzung der Schweißzeit.

Tabelle 18. Physikalische Werte von schweißtechnisch wichtigen Metallen.
(Diese Werte werden sehr stark von der Zusammensetzung der Metalle beeinflußt. Da die Zusammensetzung hier nicht angegeben ist, so sind die nachstehend angegebenen Werte nur als Anhaltswerte zu betrachten!)

Werkstoff	spez. Gew. kg/dcm³	Schmelzpunkt ° C	Schmelzwärme kcal/kg	spez. Wärme kcal/g ° C	Wärmeausdehnung mm/m 100° C	Wärmeleitvermögen cal/cm ° C sec
Stahl	7,85	1500	30	0,12	1,1	0,12
Legierter Stahl . .	7,50	1400	28	0,17	1,2	0,06
Stahlguß	7,70	1400	—	0,18	—	0,12
Gußeisen	7,25	1200	23	—	1,1	0,09
Kupfer	9,0	1080	43	0,094	1,7	0,94
Messing	8,6	850	—	0,092	1,7	0,20
Bronze	8,8	800	—	—	1,75	—
Zink	6,86	420	28	0,09	2,9	0,15
Nickel	8,35	1450	56	0,11	1,30	0,14
Blei	11,3	330	6	0,031	2.9	0,08
Aluminium	2,75	660	77	0,21	2,4	0,53
Magnesium	1,7	650	46,5	0,25	2,6	0,35

Einen sehr großen Einfluß kann der Schweißer auf die Schmelzzeit ausüben. Selbst wenn man den gleichen Brennereinsatz vorschreibt (der geschickte Schweißer arbeitet häufig mit einem größeren Einsatz als man in der Regel vorsieht) wird der gute Schweißer den Sauerstoffdruck erhöhen und dadurch zu einer härteren Flamme kommen. Hierdurch wird die Energiezufuhr gesteigert, das Schweißen geht also schneller. Außerdem richtet der geschickte Schweißer die Flamme sehr sorgfältig und stets in richtigem Abstand auf die Schweißstelle, da er weiß, daß die richtige Flammenführung für die Güte der Naht ausschlaggebend ist. Daraus erklärt sich die Beobachtung, daß gute Schweißer auch sehr schnell schweißen. Aus diesen Darlegungen ergibt sich, daß man keine allgemein gültigen Zahlen für die Stückzeiten aufstellen kann. Solche Zahlen können sowohl unter- als auch überboten werden. Hieraus erklären sich auch die so stark abweichenden Angaben, die man in Veröffentlichungen vorfindet. Wenn trotzdem in Tabelle 19 eine Aufstellung gegeben ist, so sind die darin enthaltenen Werte nur als Beispielswerte aufzufassen, nicht als verbindliche Zahlen.

Tabelle 19. Beispielswerte der Schweißzeiten und Energieverbräuche für das Gasschweißen von Stahlblechen.

Blechdicke mm Brennereinsatz	1 0,5···1	2 1···2	3 2···4	4 4···6	5 4···6	6 6···9	8 9···14	10 9···14	12 9···14	16 14···20	20 20···30
Hauptzeit min/m	7	10	12	16	20	24	32	40	48	64	90
Nebenzeit min/m	8	12	14	16	20	24	28	30	32	34	36
Verlustzeit min/m	2	3	3	4	5	6	7	8	9	12	15
Stückzeit min/m	17	25	29	36	45	54	67	78	89	110	141
Sauerstoff l/m	14	45	90	140	180	240	400	800	1200	1800	2800
Azetylen l/m	13	40	82	110	160	220	360	730	1100	1600	2500

25. Energieverbräuche. Hierunter versteht man beim Gasschweißen den Verbrauch an Brenngas und Sauerstoff. Der stündliche Verbrauch an Gasen bei einer bestimmten Brennerspitze kann eindeutig technisch festgelegt werden. Jedoch verändern sich auch hier schon die Werte durch gewisse Zufälligkeiten (Veränderungen des Zustandes der Brennerspitze, z.B. durch die Wärmestrahlung oder durch Spritzer), in stärkerem Maße aber durch absichtliches Verändern der Gasdrücke. Abgesehen davon, daß man hierbei das Mischungsverhältnis zwischen Brenngas und Sauerstoff verändern kann, ist man dadurch in der Lage, die gesamte Gaszufuhr und damit die Energiezufuhr in ziemlich weiten Grenzen zu vermehren oder abzuschwächen. Wenn nun bei harter Flamme, der Flamme mit hoher Austrittsgeschwindigkeit der Brenngase, also der erhöhten Energiezufuhr, der Schweißer nicht besonders darauf achtet, die Flamme richtig an die Schweißstelle anzusetzen, oder wenn er sie gar öfters unbenutzt länger brennen läßt, so kann trotz erhöhten Gasverbrauches die Schweißzeit länger werden als bei einem anderen Schweißer, welcher mit normaler Flamme, aber sorgfältig arbeitet. Aus diesen Darlegungen ergibt sich auch wieder, daß verbindliche Zahlen für die Gasverbräuche je m Naht nicht gegeben werden können. Die Ziffern der Tabelle 19 sind auch wieder nur als Beispiele zu werten.

26. Stoffverbräuche. Sofern der Nahtquerschnitt festliegt, ist der Stoffverbrauch zu bestimmen. Die entstehenden Spritzverluste sind in der Regel so klein, daß sie vernachlässigt werden können. Beim Gasschweißen werden die Nahtquerschnitte ähnlich wie beim Lichtbogenschweißen festgelegt (S. 54).

27. Preise[1]. Die *Lohnkosten* betragen für einen Schweißer z. Z. etwa 1,60 M/Std., für einen Helfer etwa die Hälfte.

Der *Sauerstoffpreis* hängt vom Vertragsabschluß mit dem Sauerstofflieferwerk, von der verwendeten Flaschenart (Leih-, Lager-, Eigentum-Flaschen) und von der Lage des Betriebs zum Sauerstoffwerk bzw. zum Lager ab. Die Preise sind aus Tabelle 20 zu entnehmen.

Der *Azetylenpreis* hängt davon ab, ob das Azetylen aus Karbid, aus Beagid erzeugt oder ob es aus Flaschen entnommen wird. Sodann spielen wieder die Flaschenarten und die Transportkosten eine Rolle. Im einzelnen sind die Preise für Azetylen aus Tabelle 21 zu entnehmen.

Tabelle 20. Sauerstoffpreise bei Vertragsabschluß in M/m³.

Eigentumflaschen ab Werk	0,64
Eigentumflaschen einschl. mittlere Beförderungskosten	0,75
Lagerflaschen einschl. mittlerem Lagerzuschlag	0,90

Tabelle 21. Preise von Azetylen in M/m³.

Aus Karbid (50-kg-Trommel)	1,20	ab Lager einschl. 20% Bedienungszuschlag
Aus Karbid (100-kg-Trommel)	1,10	
Aus Beagid (50-kg-Trommel)	1,44	Bei mittleren Verhältnissen kommt ein Transportzuschlag von 0,06 M/m³ hinzu
Flaschenazetylen, Eigentumflasche	2,24	Ermäßigung beim Jahresbezug größerer Mengen
Flaschenazetylen, Lagerflasche	2,35	Transportkosten bei mittleren Verhältnissen 0,20 M/m³

Schweißdrahtkosten bestimmt man aus dem errechneten Nahtgewicht. Die Drahtkosten je Gewichtseinheit gehen aus Tabelle 22 hervor.

---

[1] Alle genannten Preise sind als Beispiels-, nicht als Richtpreise aufzufassen.

Tabelle 22. Zusatzstabkosten im
Mittel in M/kg.

Verbindungsschweißdraht	0,48
Einfacher Auftragsschweißdraht .	0,64
Kupferschweißdraht	3,00
Messingschweißdraht	2,40
Gußschweißstäbe	0,85
Aluminiumschweißdraht	3,60
Siluminschweißdraht	6,40

Der allgemeine Unkostensatz wird in der Regel in % vom ausgegebenen Lohn berechnet und hängt von den jeweiligen Betriebsverhältnissen ab. Für kleinere Betriebe rechnet man 100···150%.

Aufgabe 76. Schweißtechnische Selbstkosten-Berechnung (Gasschweißen): Ein offener rechteckiger Blechkasten, Grundfläche 800 × 600 mm, Höhe 400 mm, Blechdicke 3 mm. Es sind vorhanden 2 senkrechte und 4 waagerechte Ecknähte, Nahtdicke 3 mm.

Naht-länge m	Naht-dicke mm		Einheits-wert	Gesamtwert	Einheits-preis	Teil-preis M	Gesamt-preis M	Summe M
3,6	3	Zeit						
		Schweißer	29 min/m	105 min	0,90 M/h	1,57		
		Helfer	29	105	0,45 ,,	0,79	2,36	
		Unkosten 150% . .					3,54	5,90
		Sauerstoff . . .	90 l/m	325 l	0,90 M/m	0,30	0,30	0,30
		Azetylen		300 l	1,20 ,,	0,36	0,36	0,36
		Draht						
		F = 4,5 + 20%						
		= 5,4 mm²						
		G = 0,054 · 360 · 7,85		153 g	0,50 M/kg	0,08	0,08	0,08

Summe: 6,64

C. Lichtbogenschweißen.

Was vorher über die Rüst- und Stückzeiten beim Gasschweißen gesagt wurde, gilt auch hier. Nur werden beim Lichtbogenschweißen die Stückzeiten besonders stark von der Elektrode beeinflußt. Das gilt auch für die Energie- und Stoffverbräuche, indem der Energieverbrauch auch durch die Elektrode, der Stoffverbrauch vor allem durch die verschieden hohen Spritzverluste der einzelnen Elektrodengattungen beeinflußt wird. Die Spritzverluste hängen aber nicht nur von der Elektrode, sondern auch von der gewählten Stromstärke, von der Art der Arbeit (waagerecht, senkrecht, überkopf), der Nahtform (Kehlnaht, Stoßnaht, Auftragsnaht) und

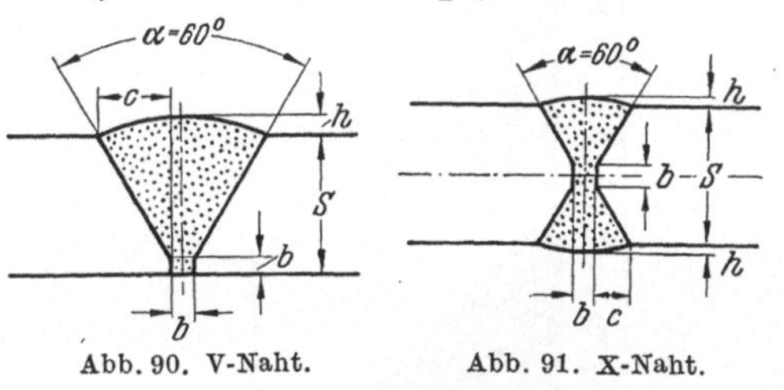

S	=	Blechdicke
O	=	Ohne gesäuberte Wurzel
M	=	Mit gesäuberter Wurzel
F_N	=	Nahtquerschnitt
b	=	Luftspalt-Breite und -Höhe
c	=	Abschrägung der Blechkante
h	=	Überhöhung der Schweißnaht
n_1	=	Elektrodenverbr. in Stück für 1 m Naht, nach Elektr.-∅ geordnet.
n	=	Elektrodenverbr. für 1 m Naht bei 450 mm Elektr.-Länge u. 40 mm Endverlust
N	=	reine Schweißzeit für 1 m Naht
t_E	=	Abschmelzzeit für eine Elektrode von 450 mm Länge bei 40 mm Endverlust

$d\varnothing$ (mm)	t_E (min)
3,25	1,5
4	1,5
5	1,6

Spritzverlust $V_s = 8\%$

vom Schweißer ab. Für einfache Kalkulationen wird man sich ähnlicher vereinfachter Zusammenfassungen bedienen, wie das beim Gasschweißen gezeigt ist. Für größere Stücke, welche in ähnlicher Form, jedoch stets mit gewissen Veränderungen laufend zu schweißen sind, sieht man eine weitgehend gestaffelte Einteilung vor. Hier wird dazu folgendes Verfahren vorgeschlagen.

Zunächst sind die Nähte in ihren Abmessungen genau festzulegen, wobei Übereinstimmung zwischen Konstruktionsbüro, Werkstatt und Kalkulationsbüro zwecks

Auswahl der wichtigsten Nahtformen und Abmessungen zu erzielen ist. Diese ausgewählten Nahtformen sind auch in ihrem Aufbau etwa nach Abb. 89 festzulegen.

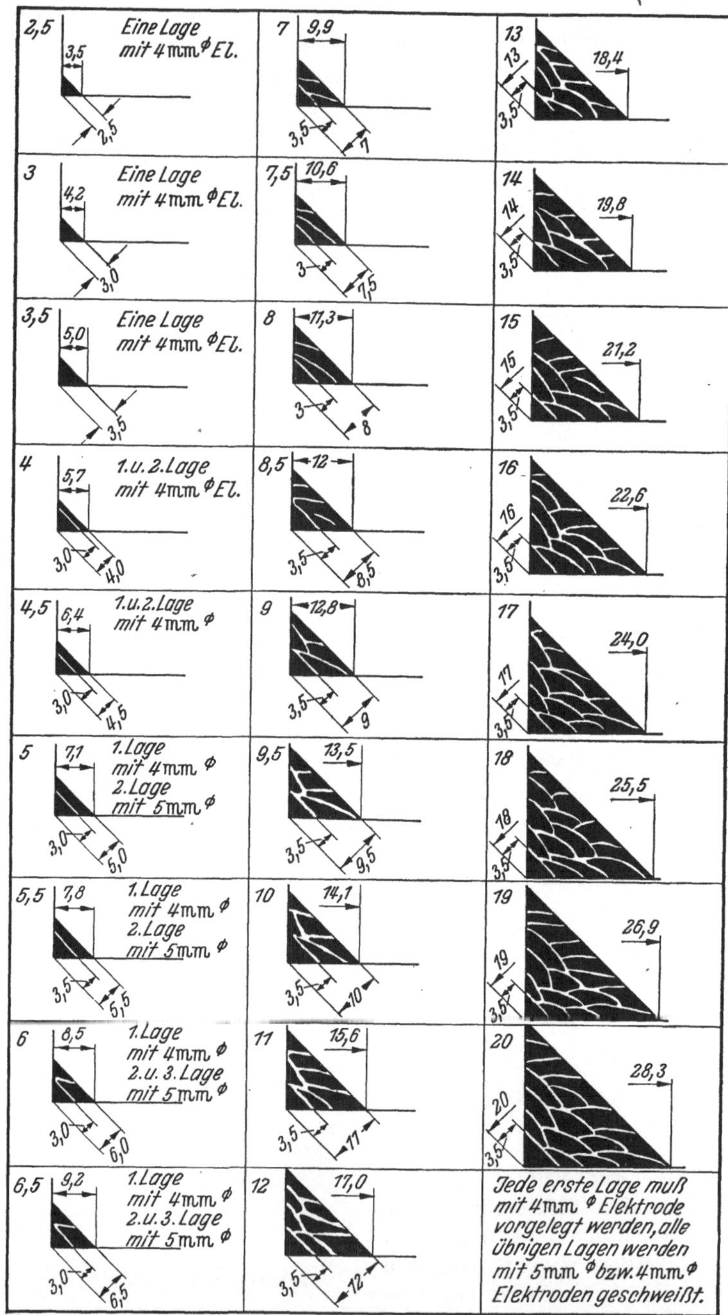

Abb. 89. Beispiel für den Aufbau von Kehlnahtformen.

Es sind dann bestimmte Elektrodensorten auszuwählen und die zugehörigen Verbrauchswerte und Kosten zu ermitteln. Diese Ergebnisse sind in Aufstellungen ähnlich den Tabellen 23···26 festzuhalten.

Tabelle 23. Blechkantenvorbereitung, Nahtaufbau, Elektrodenverbrauch, reine Schweißzeit, bei Regelausführung waagerechter Stumpfschweißung und einerseits schlecht zugänglicher Naht.

s		F_N	b	c	h	n_1 (Stück)			n	t_N
mm.		mm²	mm	mm	mm	3,25	4	5	Stück	min/m
4	O	10	1,0	2,0	0,4	3,3			3,3	5,0
	M	16	1,0	2,0	0,4	5,3			5,3	7,9
5	O	16	1 0	2,6	0,5	1,9	2,1		4,0	6,1
	M	22	1,0	2,6	0,5	3,9	2,1		6,0	9,0
6	O	23	1,0	3,3	0,6	1,9	3,6		5,5	8,3
	M	29	1,0	3,3	0,6	3,9	3,6		7,5	11
7	O	31	1,5	3,6	0,7	1,9	2,1	2,2	6,2	9,6
	M	40	1,5	3,6	0,7	1,9	4,0	2,2	8,1	12
8	O	41	1,5	4,2	0,8	2,6	3,0	2,6	8,2	12
	M	50	1,5	4,2	0,8	2,6	4,9	2,6	10	15
9	O	52	1,5	4,8	0,9	2,6	5,0	2,7	10	16
	M	61	1,5	4,8	0,9	2,6	7,0	2,7	12	19
10	O	64	1,5	5,4	1,0	2,6	3,2	5,7	12	18
	M	73	1,5	5,4	1,0	2,6	5,0	5,7	13	21
11	O	77	1,5	5,9	1,1	2,6	3,2	7,3	13	20
	M	86	1,5	5,9	1,1	2,6	5,0	7,3	15	23
12	O	91	1,5	6,5	1,2	2,6	3,4	9,1	15	24
	M	100	1,5	6,5	1,2	2,6	5,3	9,1	17	26
13	O	107	1,5	7,1	1,3	2,6	2,5	11,3	17	27
	M	116	1,5	7,1	1,3	2,6	4,4	11,8	19	29
14	O	125	1,5	7,7	1,4	2,6	3,2	13,8	20	31
	M	134	1,5	7,7	1,4	2,6	5,0	13,8	21	34
15	O	143	1,5	8,2	1,5	2,6	3,2	16,2	22	35
	M	155	1,5	8,2	1,5	2,6	5,7	16,2	25	38
16	O	163	1,5	8,8	1,6	2,6	3,2	18,9	25	39
	M	175	1,5	8,8	1,6	2,6	5,7	18,9	27	43
17	O	183	1,5	9,4	1,7	2,6	3,2	21,6	27	43
	M	195	1,5	9,4	1,7	2,6	5,7	21,6	30	47
18	O	207	2,0	9,8	1,8		5,3	24,6	30	47
	M	223	2,0	9,8	1,8		8,6	24,6	33	52
19	O	229	2,0	10,4	1,9		5,3	27,5	33	51
	M	245	2,0	10,4	1,9		8,6	27,5	36	56
20	O	255	2,0	11,0	2,0		5,3	31,1	36	58
	M	271	2,0	11,0	2,0		8,6	31,1	40	63
21	O	280	2,0	11,5	2,1		5,3	34,4	40	63
	M	296	2,0	11,5	2,1		8,6	34,4	43	68
23	O	336	2,0	12,7	2,3		5,3	42,0	47	75
	M	352	2,0	12,7	2,3		8,6	42,0	51	80
25	O	398	2,0	13,9	2,5		5,3	50,4	56	89
	M	414	2,0	13,9	2,5		8,6	50,4	59	94
30	O	573	2,5	16,6	3,0		5,3	74,0	79	126
	M	593	2,5	16,6	3,0		9,5	74,0	84	132
40	O	1035	2,5	22,4	4,0		5,3	136	141	226
	M	1055	2,5	22,4	4,0		9,5	136	146	232
50	O	1620	2,5	28,2	4,4		5,3	215	220	353
	M	1640	2,5	28,2	4,0		9,5	215	225	360

Tabelle 24. Blechkantenvorbereitung, Nahtaufbau, Elektrodenverbrauch, reine Schweißzeit, bei Regelausführung waagerechter Stumpfschweißung und beiderseits gut zugänglicher Naht.

S mm		F_N mm²	b mm	c mm	h mm	n_1 (Stück) 3,25	n_1 (Stück) 4	n_1 (Stück) 5	n Stück	t_N min/m
4	O	8	1,0	0,9	0,2	2,6			2,6	3,8
	M	17	1,0	0,9	0,2	1,3	2,7		4,0	6,0
5	O	11	1,0	1,1	0,3	3,5			3,5	5,3
	M	22	1,0	1,1	0,3	3,5	2,3		5,8	8,8
6	O	15	1,0	1,4	0,3	4,8			4,8	7,2
	M	28	1,0	1,4	0,3	4,8	2,7		7,5	11
7	O	20	1,0	1,7	0,4	3,2	2,1		5,3	8,0
	M	38	1,0	1,7	0,4	3,2	2,5	2,2	7,9	12
8	O	25	1,0	1,8	0,4	1,3	4,4		5,7	8,6
	M	44	1,0	1,8	0,4	1,3	4,2	2,7	8,2	13
9	O	31	1,0	2,2	0,5	3,2	4,4		7,6	12
	M	51	1,0	2,2	0,5	1,9	4,8	3,0	9,7	15
10	O	37	1,0	2,5	0,5	3,8	5,3		9,1	14
	M	58	1,0	2,5	0,5	1,9	6,7	3,0	12	17
11	O	45	1,0	2,9	0,6	2,6	7,8		10	16
	M	65	1,0	2,9	0,6	2,6	5,0	4,5	12	19
12	O	56	1,5	3,1	0,6	1,9	6,7	2,5	11	14
	M	78	1,5	3,1	0,6	1,9	7,4	5,0	14	22
13	O	64	1,5	3,4	0,7	1,9	7,6	3,0	13	19
	M	86	1,5	3,4	0,7	1,9	8,2	5,6	16	24
14	O	74	1,5	3,6	0,7	1,9	5,7	5,6	13	20
	M	96	1,5	3,6	0,7	1,9	5,5	8,7	16	25
15	O	84	1,5	3,9	0,8	1,9	6,9	6,1	15	23
	M	109	1,5	3,9	0,8	1,9	5,5	10,4	18	28
16	O	96	1,5	4,2	0,8	1,9	6,3	8,1	16	25
	M	121	1,5	4,2	0,8	1,9	6,3	11,5	20	31
17	O	107	1,5	4,5	0,9	2,6	5,9	9,6	16	27
	M	132	1,5	4,5	0,9	2,6	5,9	13,0	22	34
18	O	125	2,0	4,6	0,9		8,2	11,6	20	31
	M	152	2,0	4,6	0,9		8,4	15,1	24	37
19	O	137	2,0	4,9	1,0		8,2	13,2	22	34
	M	164	2,0	4,9	1,0		8,4	16,7	25	40
20	O	151	2,0	5,2	1,0		8,2	15,1	23	37
	M	178	2,0	5,2	1,0		8,4	18,6	27	43
21	O	166	2,0	5,5	1,1		8,2	17,1	25	40
	M	193	2,0	5,5	1,1		8,4	20,6	29	46
23	O	196	2,0	6,0	1,2		8,2	21,2	30	46
	M	223	2,0	6,0	1,2		8,4	24,7	33	52
25	O	229	2,0	6,6	1,3		8,2	25,6	34	53
	M	256	2,0	6,6	1,3		8,4	29,2	38	59
30	O	331	2,5	7,9	1,5		8,0	39,5	48	75
	M	359	2,5	7,9	1,5		8,4	43,0	52	82
40	O	573	2,5	10,8	2,0		8,0	72,0	80	130
	M	601	2,5	10,8	2,0		8,4	75,8	84	134
50	O	879	2,5	13,7	2,5		8,0	107	115	194
	M	907	2,5	13,7	2,5		8,4	117	125	200

Tabelle 25. Schweißnahtaufbau, Elektrodenverbrauch und reine Schweißzeit bei Regelausführung waagerechter Kehlschweißung an mittlerer und großer Blechdicke.

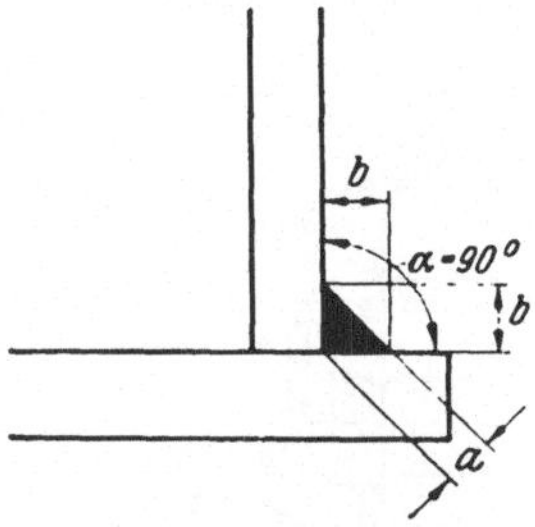

Abb. 92. Kehlnaht.

a = Dicke der Kehlnaht

b = Breite der Kehlnaht

F_N = Nahtquerschnitt

n_1 = Elektrodenverbrauch in Stück für 1 m Naht, nach Elektr.-∅ geordnet

n = Elektrodenverbrauch für 1 m Naht bei 450 mm Elektrodenlänge und 40 mm Endverlust

t_N = reine Schweißzeit für 1 m Naht

t_E = Abschmelzzeit für eine Elektrode von 450 mm Länge bei 40 mm Endverlust

$d∅$ (mm)	t_E (min)
4	1,6
5	1,3

Spritzverlust V_s = 8%

a	F_N	b	n_1 (Stück)		n	t_N
mm	mm²	mm	4∅	5∅	Stück	min/m
2,5	6	3,5	1,3		1,3	1,7
3	9	4,2	1,9		1,9	2,5
3,5	12	5,0	2,6		2,6	3,4
4	16	5,7	3,4		3,4	4,4
4,5	20	6,4	4,3		4,3	5,6
5	25	7,1	1,9	2,2	4,1	6,0
5,5	30	7,8	2,6	2,4	5,0	7,3
6	36	8,5	1,9	3,7	5,6	8,3
6,5	42	9,2	1,9	4,5	6,4	9,7
7	49	9,9	2,6	5,0	7,6	11
7,5	56	10,6	1,9	6,4	8,3	13
8	64	11,3	1,9	7,4	9,3	14
8,5	72	12,0	2,6	8,1	11	16
9	81	12,8	1,9	9,7	12	18
9,5	90	13,5	2,6	10,6	13	20
10	100	14,1	2,6	11,9	15	22
11	121	15,6	2,6	14,7	18	27
12	144	17,0	2,6	17,8	20	32
13	169	18,4	2,6	21,2	24	37
14	196	19,8	2,6	25,0	28	43
15	225	21,2	2,6	28,8	31	50
16	256	22,6	2,6	33,0	36	56
17	289	24,0	2,6	37,5	40	63
18	324	25,5	2,6	42,2	45	71
19	361	26,9	2,6	47,1	50	79
20	400	28,3	2,6	52,5	55	87

Tabelle 26. Durchschnittswerte von Elektroden für Verbindungsschweißungen.

Elektrodengattung	Sorte	Kosten Pf/St.			Energieverbrauch kWh/St.		
Elektroden-∅ mm	—	3,25	4,0	5,0	3,25	4,0	5,0
Blanke Elektroden . . .	A	1,1	1,5	2,2	0,14	0,22	0,33
Seelen-Elektroden	B	2,8	4,0	6,1	0,15	0,23	0,36
Dünn umh. Elektroden. .	C	2,3	3,3	5,1	0,13	0,21	0,32
Dick umh. Elektroden . .	D	4,1	6,0	9,1	0,17	0,26	0,40

Sodann sind Tabellen aufzustellen „Zusammenstellung der Schweißnähte" und „Zusammenstellung der Kalkulationswerte". In diesen Aufstellungen können zwanglos die Eigenheiten des Betriebes, die Eigenarten der verwendeten Elektroden u. dgl. eingearbeitet werden. Natürlich sind die hier wiedergegebenen Tabellen nur Vorschläge, welche den jeweiligen Betriebsverhältnissen anzupassen sind. An zwei Beispielen soll das Verfahren näher erläutert werden. Das eine Beispiel Aufgabe 78 „Behälter für 15 atü" ist so ausgewählt, daß im wesentlichen nur lange Nähte anfallen, während bei dem anderen Beispiel Aufgabe 79 „Zwischenrahmen" nur kurze Nähte vorkommen.

Aufgabe 77. Die Kosten der Schweißarbeit eines Behälters für 15 atü nach Abb. 93 sind aufzustellen.

Es wird zunächst Tabelle 27 unter Zugrundelegung der Werte der Tabellen 23 bis 26 ausgefüllt. Diese Werte zusammengefaßt ergeben Tabelle 28.

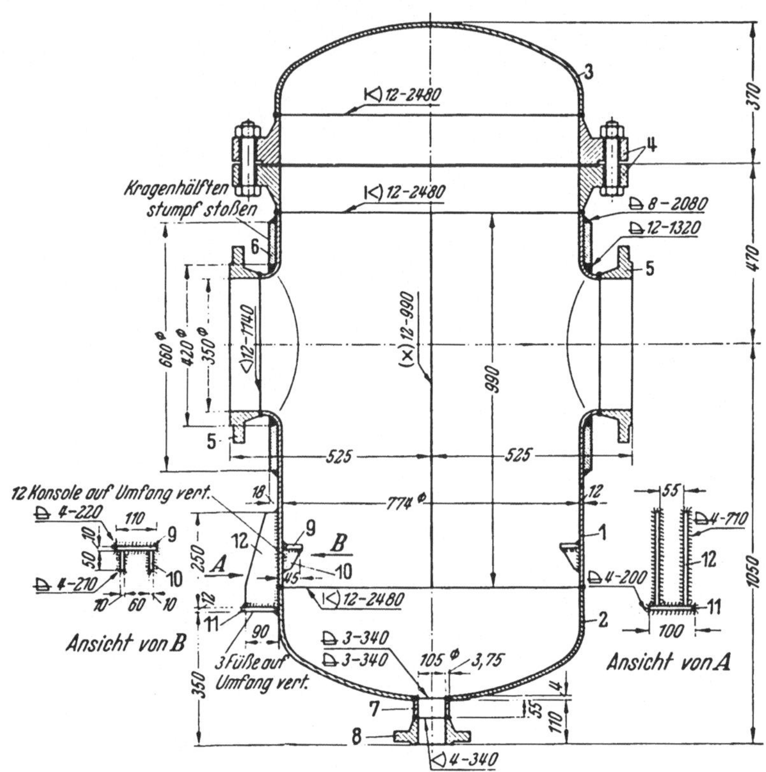

Abb. 93. Skizze zu Aufgabe 77.

Aufgabe 78. Die Kosten der Schweißarbeit an einem Zwischenrahmen nach Abb. 94 sind festzustellen.

Durchführung des Verfahrens ähnlich vorhergehender Aufgabe. Es entstehen die Tabellen 29 und 30.

Auftrag Nr. 77	Gegenstand: *Behälter für 15 atü Betr.-Druck*	Aufgabe 77: *Abb. 93*	Zusammenstellung der Schweißnähte (Lichtbogenschweißen)	Tabelle 27
Zeichn. Nr. 93				
Bearbeiter:	Datum:			

| Teil Nr. | Nahtzahl | Nahtform | Kehlnahtdicke mm | | | Stoßnahtdicke mm | | | Sonderform mm | | | Nahtlänge | | Elektrodensorten | | | | | | | | | | | | Elektrodenzahl | Zeit | | Zeitzuschläge | | | |
| | | | | | | | | | | | | | | A (blank) | | | B (Seelen) | | | C (dünn umhüllt) | | | D (dick umhüllt) | | | | | | | | | | |
			waagrecht	senkrecht	überkopf	waagrecht	senkrecht	überkopf	waagrecht	senkrecht	überkopf	Einzel in m	Summe in m	Ø 3,25	Ø 4	Ø 5	Ø 3,25	Ø 4	Ø 5	Ø 3,25	Ø 4	Ø 5	Ø 3,25	Ø 4	Ø 5		Einzel min/m	Summe min	schwierige Arbeiten	Drehen d. Werkstückes	häufige Naht-unterbrechung	behinderte Zugänglichkeit
1	1	)×(				12						0,99	0,99							1,9	7,4	5,0				15	22	22		3		
2	1	)∨(				12						2,48	2,48							6,5	13,2	22,6				43	26	65		3		
3	1	)∨(				12						2,48	2,48							6,5	13,2	22,6				43	26	65		3		
4	1	)∨(				12						2,48	2,48							6,5	13,2	22,6				43	26	65		3		
5	2	∨				12						1,14	2,28										6,0	12,2	22,0	41	26	60	20			
6	2	⌐							130			1,32	2,64							7,5	13,5	29,0				50		77	10			
6	2	⌐	8									2,08	4,16								8,0	30,8				39	14	59				
6	4	∨				18						0,12	0,48								4,1	11,8				16	52	25			15	
7	2	⌐	3									0,34	0,68											1,4		2	2,5	2		10	5	
8	1	∨				4						0,34	0,34										1,2			2	5	2			3	
9	12	⌐	4									0,22	2,64					9								9	4,4	12			10	
10	24	⌐	4									0,21	5,04					17								17	4,4	22			10	
11	3	⌐	4									0,20	0,60								2,1					3	4,4	2			6	
12	6	⌐	4									0,71	4,26								14,5					15	4,4	19			6	
													31,55					26,0		28,9	89,2	144,4	7,2	13,6	22,0	338		497	30	22	55	

Auftrag Nr. 77	Gegenstand: *Behälter für 15 atü Betr.-Druck*	Zusammenstellung der Kalkulationswerte (Lichtbogenschweißen)	Tabelle 28
Zeichnung Nr. 93			
Bearbeiter:	Datum:		

Nr.			Werte	Zeit min	Kosten Einzel Pf.	Kosten Summe Pf.	Bemerkungen
1.	Aufnehmen des Werkstückes						
2.	Einlegen des Werkstückes in die Vorrichtung						
3.	Heftschweißung: Zahl der Heftstellen			203			
4.	Zeit für das Heften			609	1,5	914	
5.	Reine Schweißzeit			338	1,5	507	
6.	Elektrodenverbräuche	Sorte A (blank)	3,25 mm ⌀				
7.			4 ,, ,,				
8.			5 ,, ,,				
9.		Sorte B (Seelendraht.)	3,25 ,, ,,				
10.			4 ,, ,,	26		4,0	104
11.			5 ,, ,,				
12.		Sorte C (dünnumhüllt)	3,25 ,, ,,	28,9		2,3	67
13.			4 ,, ,,	89,2		3,3	294
14.			5 ,, ,,	144,4		5,1	736
15.		Sorte D (dickumhüllt)	3,25 ,, ,,	7,2		4,1	30
16.			4 ,, ,,	13,6		6,0	82
17.			5 ,, ,,	220		9,1	200
18.	Einstellung des Schweißgerätes	Zahl der Einstellungen		30			
19.		Zeit der Einstellungen	0,1		3	1,5	5
20.	Biegen und Umspannen der blanken u. Seelenelektroden	Zahl		26			
21.		Zeit min	0,2		5	1,5	8
22.	Reinigen der Schweißnaht	für 1 m Naht					
23.		,, 1 Werkstück			130	1,5	195
24.		,, 1 Elektrode					
25.	Zeitzuschläge	für schwierige Arbeiten			30	1,5	45
26.		,, Drehen des Werkstückes			22	1,5	33
27.		,, häufige Nahtunterbrechungen			55	1,5	83
28.		,, behinderte Zugänglichkeit					
29.		,, Ermüden			10	1,5	15
30.		,, Ausbesserung von Fehlstellen			30	1,5	45
31.		,, Verschiedenes			10	1,5	15
32.	Rüstzeit	Herrichten des Arbeitsplatzes			5	1,5	8
33.		Zeichnung lesen			10	1,5	15
34.		Anfertigung von Schablone und Vorrichtung					
35.		Gerätetransport			5	1,5	8
36.		Abräumen u. Säubern des Platzes			5	1,5	8
37.		Verschiedenes			5	1,5	8
38.	Gesamtzeit (Lohnanteil)			1272		3425	
39.	Stromverbrauch kWh	für 3,25 mm ⌀ Elektrode	0,15	36,1	10	54	
40.		,, 4 ,, ,, ,,	0,23	128,8	10	296	
41.		,, 5 ,, ,, ,,	0,36	166,4	10	599	
42.		,, Leerlauf		10	10	100	
43.	Unkosten	+200% des Lohnanteils				6850	
44.							
45.							
46.							
47.							
48.							
49.							
50.	Gesamtkosten					11324	

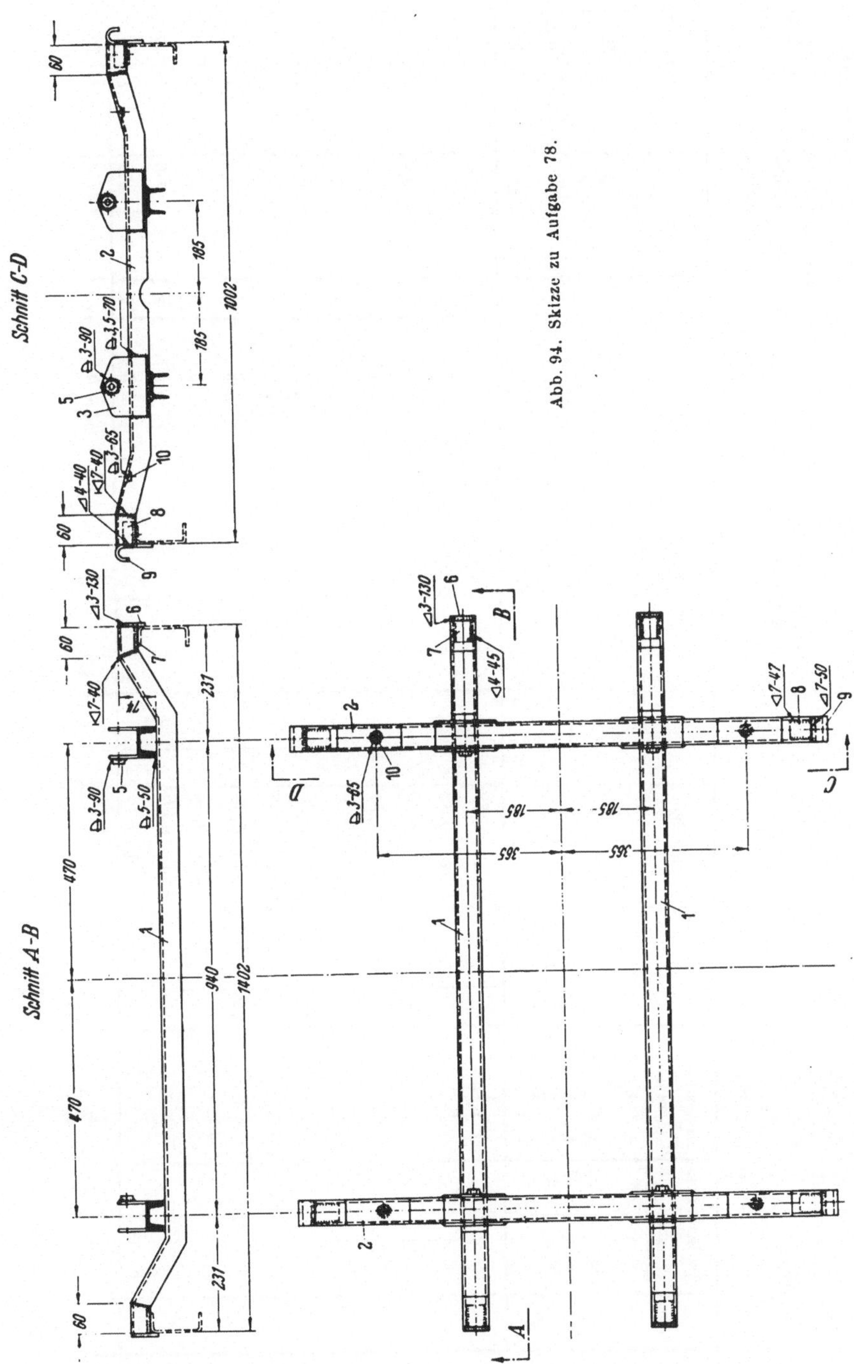

Schnitt C-D
Schnitt A-B
Abb. 94. Skizze zu Aufgabe 78.

Auftrag Nr. 78	Gegenstand: *Zwischenrahmen*	Aufg. 78 Abb. 94	Zusammenstellung der Schweißnähte (Lichtbogenschweißen)	Tabelle 29
Zeichn. Nr. 94				
Bearbeiter:	Datum:			

Teil Nr.	Nahtzahl	Nahtform	Kehlnahtdicke mm waagrecht	senkrecht	überkopf	Stoßnahtdicke mm waagrecht	senkrecht	überkopf	Sonderform mm waagrecht	senkrecht	überkopf	Nahtlänge Einzel in m	Summe in m	A (blank) Ø 3,25	Ø 4	Ø 5	B (Seelen) Ø 3,25	Ø 4	Ø 5	C (dünn umhüllt) Ø 3,25	Ø 4	Ø 5	D (dick umhüllt) Ø 3,25	Ø 4	Ø 5	Elektrodenzahl	Zeit Einzel min/m	Summe min	Zeitzuschläge schwierige Arbeiten	Drehen des Werkstückes	häufige Naht-unterbrechung	behinderte Zugänglichkeit
1	8	∨				7						0,04	0,32							2,0	2,2	2,3				7		3,5		2	2	
2	8	∨				7						0,04	0,32							2,0	2,2	2,3				7		3,5		2	2	
3	8	⧄							35			0,05	0,40										5			5		7,0		2	3	
3	16	⧄	3,5									0,07	1,12											2,9		3		4,0		2	4	
5	8	⧄	3									0,09	0,72											1,4		2		2,0		2	2	
6	4	⊿				3						0,19	0,76											1,5		2		2,0		1	1	
7	8	⊲				4						0,045	0,36											0,8		1		1,0		1	1	
8	8	⊲							20			0,045	0,36											1,6		2		2,2		1	1	
9	8	⊿				4						0,04	0,32											0,6		1		0,5		1	1	
9	4	⊿							20			0,05	0,20										0,6	0,5		2		1,6		2	1	
10	4	⧄	3									0,065	0,26											0,5		1		0,5		1	1	
													5,14							4,0	4,4	4,6	5,6	9,8		33		27,8		17	19	

Auftrag Nr. 78	Gegenstand: *Zwischenrahmen*		Zusammenstellung der Kalkulationswerte (Lichtbogenschweißen)	Tabelle 30
Zeichnung Nr. 94				
Bearbeiter:	Datum:			

Nr.	Benennung				Werte	Zeit min	Kosten Einzel Pf.	Kosten Summe Pf.	Bemerkungen
1.	Aufnehmen des Werkstückes					2	1,5	3,0	
2.	Einlegen des Werkstückes in die Vorrichtung					3	1,5	4,5	
3.	Heftschweißung:	Zahl der Heftstellen							
4.		Zeit für das Heften							
5.	Reine Schweißzeit					27,8	1,5	41,7	
6.	Elektrodenverbräuche	Sorte A (blank)	3,25 mm Ø						
7.			4 ,, ,,						
8.			5 ,, ,,						
9.		Sorte B (Seelendurchm.)	3,25 ,, ,,						
10.			4 ,, ,,						
11.			5 ,, ,,						
12.		Sorte C (dünnumhüllt)	3,25 ,, ,,		4,0		2,3	9,2	
13.			4 ,, ,,		4,4		3,3	14,5	
14.			5 ,, ,,		4,6		5,1	23,5	
15.		Sorte D (dickumhüllt)	3,25 ,, ,,		5,6		4,1	23,0	
16.			4 ,, ,,		9,8		6,0	58,8	
17.			5 ,, ,,						
18.	Einstellung des Schweißgerätes	Zahl der Einstellungen			33				
19.		Zeit der Einstellungen		0,1		3,3	1,5	5,0	
20.	Biegen und Umspannen der blanken u. Seelenelektroden	Zahl							
21.		Zeit min							
22.	Reinigen der Schweißnaht	für 1 m Naht							
23.		,, 1 Werkstück							
24.		,, 1 Elektrode		0,2	33	6,6	1,5	9,9	
25.	Zeitzuschläge	für schwierige Arbeiten				17	1,5	25,5	
26.		,, Drehen des Werkstückes				19	1,5	28,5	
27.		,, häufige Nahtunterbrechungen							
28.		,, behinderte Zugänglichkeit				3	1,5	4,5	
29.		,, Ermüden				3	1,5	4,5	
30.		,, Ausbesserung von Fehlstellen				2	1,5	3,0	
31.		,, Verschiedenes							
32.	Rüstzeit	Herrichten des Arbeitsplatzes				2	1,5	3,0	
33.		Zeichnung lesen				3	1,5	4,5	
34.		Anfertigung von Schablone und Vorrichtung							
35.		Gerätetransport							
36.		Abräumen u. Säubern des Platzes				3	1,5	4,5	
37.		Verschiedenes				5	1,5	7,5	
38.	Gesamtzeit (Lohnanteil)					99,7		278,6	
39.	Stromverbrauch kWh	für 3,25 mm Ø Elektrode		0,15	9,6		10	14,4	
40.		,, 4 ,, ,, ,,		0,24	14,4		10	34,6	
41.		,, 5 ,, ,, ,,		0,32	4,6		10	14,7	
42.		,, Leerlauf							
43.	Unkosten	+200% des Lohnanteils						557,2	
44.									
45.									
46.									
47.									
48.									
49.									
50.	Gesamtkosten							899,5	

(Fortsetzung 4. Umschlagseite)